2025年春受験用 解答集

静岡県 静岡大学教育学部附属中学校（静岡・島田・浜松）

2019〜2010年度の10年分

本書は，実物をなるべくそのままに，プリント形式で年度ごとに収録しています。
問題用紙を教科別に分けて使うことができるので，本番さながらの演習ができます。

■ 収録内容

・解答集（この冊子です）

　　　書籍ID番号，この問題集の使い方，リアル過去問の活用，解答例と解説，
　　　ご使用にあたってのお願い・ご注意，お問い合わせ

・2019（平成31）年度 〜 2010（平成22）年度　学力検査問題

○は収録あり	年度	'19	'18	'17	'16	'15	'14	'13	'12	'11	'10
■ 問題収録		○	○	○	○	○	○	○	○	○	○
■ 解答欄		○	○	○	○	○	○	○	○	○	○
■ 解答		○	○	○	○	○	○	○	○	○	○
■ 解説		○	○	○	○	○	○	○	○	○	○
■ 配点											

☆問題文等の非掲載はありません

もっと過去問！シリーズ

K 教英出版

■ 書籍ID番号

入試に役立つダウンロード付録や学校情報などを随時更新して掲載しています。
教英出版ウェブサイトの「ご購入者様のページ」画面で，書籍ID番号を入力してご利用ください。

書籍ID番号　**173018**　▶

（有効期限：2025年9月30日まで）

【入試に役立つダウンロード付録】
「中学合格への道」

■ この問題集の使い方

年度ごとにプリント形式で収録しています。針を外して教科ごとに分けて使用します。①片側，②中央
のどちらかでとじてありますので，下図を参考に，問題用紙と解答用紙に分けて準備をしましょう（解答
用紙がない場合もあります）。

針を外すときは，けがをしないように十分注意してください。また，針を外すと紛失しやすくなります
ので気をつけましょう。

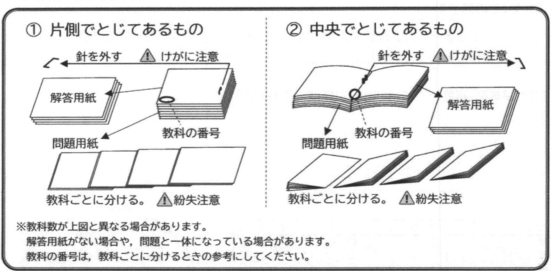

※教科数が上図と異なる場合があります。
　解答用紙がない場合や，問題と一体になっている場合があります。
　教科の番号は，教科ごとに分けるときの参考にしてください。

リアル過去問の活用

~リアル過去問なら入試本番で力を発揮することができる~

❀ 本番を体験しよう！

問題用紙の形式（縦向き／横向き），問題の配置や余白など，実物に近い紙面構成なので本番の臨場感が味わえます。まずはパラパラとめくって眺めてみてください。「これが志望校の入試問題なんだ！」と思えば入試に向けて気持ちが高まることでしょう。

❀ 入試を知ろう！

同じ教科の過去数年分の問題紙面を並べて，見比べてみましょう。

① 問題の量

毎年同じ大問数か，年によって違うのか，また全体の問題量はどのくらいか知っておきましょう。どのくらいのスピードで解けば時間内に終わるのか，大問ひとつにかけられる時間を計算してみましょう。

② 出題分野

よく出題されている分野とそうでない分野を見つけましょう。同じような問題が過去にも出題されていることに気がつくはずです。

③ 出題順序

得意な分野が毎年同じ大問番号で出題されていると分かれば，本番で取りこぼさないように先回りして解答することができるでしょう。

④ 解答方法

記述式か選択式か（マークシートか），見ておきましょう。記述式なら，単位まで書く必要があるかどうか，文字数はどのくらいかなど，細かいところまでチェックしておきましょう。計算過程を書く必要があるかどうかも重要です。

⑤ 問題の難易度

必ず正解したい基本問題，条件や指示の読み間違いといったケアレスミスに気をつけたい問題，後回しにしたほうがいい問題などをチェックしておきましょう。

❀ 問題を解こう！

志望校の入試傾向をつかんだら，問題を何度も解いていきましょう。ほかにも問題文の独特な言いまわしや，その学校独自の答え方を発見できることもあるでしょう。オリンピックや環境問題など，話題になった出来事を毎年出題する学校だと分かれば，日頃のニュースの見かたも変わってきます。

こうして志望校の入試傾向を知り対策を立てることこそが，過去問を解く最大の理由なのです。

❀ 実力を知ろう！

過去問を解くにあたって，得点はそれほど重要ではありません。大切なのは，志望校の過去問演習を通して，苦手な教科，苦手な分野を知ることです。苦手な教科，分野が分かったら，教科書や参考書に戻って重点的に学習する時間をつくりましょう。今の自分の実力を知れば，入試本番までの勉強の道すじが見えてきます。

❀ 試験に慣れよう！

入試では時間配分も重要です。本番で時間が足りなくなってあわてないように，リアル過去問で実戦演習をして，時間配分や出題パターンに慣れておきましょう。教科ごとに気持ちを切り替える練習もしておきましょう。

❀ 心を整えよう！

入試は誰でも緊張するものです。入試前日になったら，演習をやり尽くしたリアル過去問の表紙を眺めてみましょう。問題の内容を見る必要はもうありません。どんな形式だったかな？受験番号や氏名はどこに書くのかな？…ほんの少し見ておくだけでも，志望校の入試に向けて心の準備が整うことでしょう。

そして入試本番では，見慣れた問題紙面が緊張した心を落ち着かせてくれるはずです。

※まれに入試形式を変更する学校もありますが，条件はほかの受験生も同じです。心を整えてあせらずに問題に取りかかりましょう。

算　数

── 《解答例》 ──

1　①2.1　②$\frac{7}{12}$　③100　④2

2　36

3　①18　②11，10

4　①4，10　　②xとyの関係…反比例　理由…xが2倍，3倍，…となると，yは$\frac{1}{2}$倍，$\frac{1}{3}$倍，…となるから。

　　③60，75

5　①0.4　②150　③15

6　①32　②25.12

※すべての問題の求め方や考え方などは解説を参照してください。

── 《解　説》 ──

1　①　与式＝8.4×$\frac{1}{4}$＝2.1

　　②　与式＝$\frac{9}{12}-\frac{2}{12}=\frac{7}{12}$

　　③　与式＝(72－22)×8－50×6＝50×8－50×6＝50×(8－6)＝50×2＝100

　　④　与式＝$\frac{7}{9}×12×\frac{3}{14}=2$

2　9のカードの上下を逆にして6のカードとして使うことができるから，0，1，2，9の4枚のカードでできる
　4けたの数と，0，1，2，6の4枚のカードでできる4けたの数が何通りあるか求める。

　0，1，2，9の4枚で4けたの数をつくるとき，千の位の数は，1，2，9の3通り，百の位の数は残りの
　3通り，十の位の数は残りの2通り，一の位の数は残りの1通りあるから，3×3×2×1＝18(通り)ある。

　0，1，2，6の4枚で4けたの数をつくるときも同じように18通りあるから，できる4けたの数は全部で
　18×2＝36(通り)ある。

3　①　右表ⅰの矢印の順に数字が並んでいるとわかる
　　から，表ⅰのように数字が入る。よって，2行5列目
　　の位置にある数は18である。

　　②　1列目の数は，行の数字を2回かけた数になって
　　いるから，10×10＝100，11×11＝121より，10行1列
　　目は100，11行1列目は121とわかる。したがって，
　　1行11列目は101とわかり，右表ⅱのようになる。
　　よって，112は11行10列目にあるとわかる。

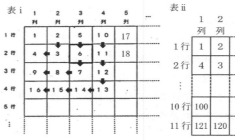

4　①　移動するのにかかる時間は，(道のり)÷(速さ)で求められるから，200÷48＝$\frac{25}{6}=4\frac{1}{6}$(時間)，
　つまり4時間($\frac{1}{6}$×60)分＝4時間10分である。

② （道のり）÷（速さ）＝（時間）だから，式に表すと，200÷*x*＝*y*となる。

③ 午後3時40分に到着するためには，午後3時40分－午後1時00分＝2時間40分＝$2\frac{40}{60}$時間＝$\frac{8}{3}$時間で移動しなければならないから，このときの速さは，時速$(200÷\frac{8}{3})$km＝時速75kmである。

午後4時20分に到着するためには，午後4時20分－午後1時00分＝3時間20分＝$3\frac{20}{60}$時間＝$\frac{10}{3}$時間で移動しなければならないから，このときの速さは，時速$(200÷\frac{10}{3})$km＝時速60kmである。

よって，時速60kmから時速75kmの間の速さで移動すればよい。

⑤ ① 用紙アを50％でコピーすると，長方形の縦の長さは，12×0.5＝6（cm）になる。これをさらに80％でコピーすると，長方形の縦の長さは，6×0.8＝4.8（cm）になる。よって，もとの長方形の縦の長さの，4.8÷12＝0.4（倍）になる。

〔別の解き方〕

用紙アを50％でコピーしたので，長方形の縦の長さはもとの長さの0.5倍になる。これをさらに80％でコピーしたので，長方形の縦の長さは，もとの長さの0.5×0.8＝0.4（倍）になる。

② 用紙アを125％でコピーすると，長方形の縦の長さは12×1.25＝15（cm），横の長さは8×1.25＝10（cm）になるから，求める長方形の面積は，15×10＝150（cm²）である。

③ 120％でコピーする前の長方形の縦の長さは，27÷1.2＝22.5（cm），150％でコピーする前の長方形の縦の長さは，22.5÷1.5＝15（cm）だから，用紙イのもとの長方形の縦の長さ a は，15cmである。

〔別の解き方〕

用紙イを150％でコピーすると，長方形の縦の長さは1.5倍になり，これをさらに120％でコピーすると，もとの長さの1.5×1.2＝1.8（倍）になる。よって，もとの長さの1.8倍が27cmなのだから，もとの長さは27÷1.8＝15（cm）である。

⑥ ① 正方形は4辺の長さが等しいから，ひし形でもある。ひし形の面積は，（対角線）×（対角線）÷2で求められるから，四角形アイウエの面積は，8×8÷2＝32（cm²）である。

② おうぎ形イアウの，（半径）×（半径）は，正方形アイウエの面積より，アイ×イウ＝32に等しい。よって，求める面積は，$32×3.14×\frac{1}{4}＝25.12$（cm²）

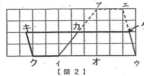

―――――――――《解答例》――――――――――

1 ① 1.5　② $\dfrac{13}{36}$　③ 1　④ $\dfrac{2}{15}$

2

【図2】に左のように記号をおく。台形キクイカは台形アカケエを，点カを中心に 180° 回転移動した図形だから，台形アイウエと平行四辺形キクウケの面積は等しくなる。平行四辺形の面積を求める公式は(底辺)×(高さ)で，平行四辺形キクウケの高さは，台形アイウエの高さのアオの半分だから，クウ×アオ÷2で求められる。

クウ＝クイ＋イウで，クイ＝アエだから，クウは台形の上底と下底の長さの和に等しく，アオは台形の高さだから，台形の面積は，{(上底)＋(下底)}×(高さ)÷2で求められるといえる。

3 ① 2　② 40

4 ① 12　② 2008 年の全国の総生産量は，佐賀県の生産量と割合より，6.0÷0.1＝60(万 t)で，2016 年の全国の総生産量は，熊本県の生産量と割合より，8.0÷10＝80(万 t)だから，全国の総生産量が増えているとわかる。したがって，都道府県別の生産量が増えていても，全国の総生産量も増えているので，全国の総生産量の増え方に対して，都道府県別の生産量の増え方が小さい場合は，都道府県別の割合は減ることになる。

5 ① 21.5　② 81.4

6 ① 白玉… 1　黒玉… 1　② 25

※すべての問題の求め方や考え方，理由などは解説を参照してください。

―――――――――《解　説》――――――――――

1 ② 与式＝$\dfrac{28}{36}-\dfrac{15}{36}=\dfrac{13}{36}$

③ 与式＝28－3×9＝28－27＝1

④ 与式＝$\dfrac{8}{10}×\dfrac{9}{10}÷\dfrac{54}{10}=\dfrac{8}{10}×\dfrac{9}{10}×\dfrac{10}{54}=\dfrac{2}{15}$

3 ① 進む時間が同じとき，速さの比は進む道のりの比に等しい。スタートしてから 30 分までの間に，うさぎは 60m，かめは 30m進んでいるから，30 分で進んだ道のりの比は，60：30＝2：1だから，うさぎとかめの速さの比も2：1である。よって，うさぎの進む速さはかめの進む速さの2倍である。

② うさぎとかめが同時にゴールするときについて，解答らんのグラフにかくとよい。

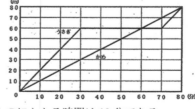

かめは 10 分で 10m進むから，かめはスタートしてから 80 分後にゴールするとわかる。

うさぎは，進んでいるとき 10 分で 20m進み，昼寝をしているのはゴールまで 80－60＝20(m)の地点だから，昼寝をしている地点からゴールまで進むのにかかる時間は 10 分である。したがって，うさぎが昼寝を 70－30＝40(分)したとき，うさぎとかめが同時にゴールすることになる。

よって，かめが勝つのは，うさぎが 40 分より長く昼寝をしたときである。

4 ① 【表2】の熊本県の生産量と全国の総生産量に対する割合より，8.0 万 t が全国の総生産量の 10% にあたる
とわかるから，全国の総生産量は 8.0÷0.1＝80（万 t）である。よって，全国の総生産量に対する静岡の割合は，
9.6÷80×100＝12（%）である。

② 割合を比べるときは，割合のもとになる数値（100% の値）が，何でいくつなのかに注意する。

5 ① 1 つの円の直径は 20÷2＝10（cm），半径は 10÷2＝5（cm）である。

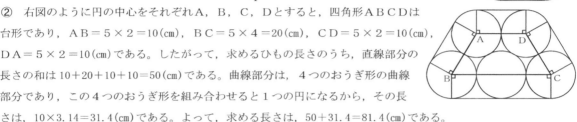

4 つの円の中心を結ぶと，右図のような正方形がかけるから，面積を求める図形は，
1 辺が 5×2＝10（cm）の正方形から，半径が 5cm の円の $\frac{1}{4}$ を 4 個のぞいた図形である。
よって，求める面積は，10×10－5×5×3.14×$\frac{1}{4}$×4＝21.5（cm²）である。

② 右図のように円の中心をそれぞれ A，B，C，D とすると，四角形 ABCD は
台形であり，AB＝5×2＝10（cm），BC＝5×4＝20（cm），CD＝5×2＝10（cm），
DA＝5×2＝10（cm）である。したがって，求めるひもの長さのうち，直線部分の
長さの和は 10＋20＋10＋10＝50（cm）である。曲線部分は，4 つのおうぎ形の曲線
部分であり，この 4 つのおうぎ形を組み合わせると 1 つの円になるから，その長
さは，10×3.14＝31.4（cm）である。よって，求める長さは，50＋31.4＝81.4（cm）である。

6 ① 白玉は，13÷3＝4 余り 1 より，1 番目のふくろから 13 番目のふくろまでに，1 個，2 個，3 個入れること
を 4 回くり返した後に 1 個入れているので，13 番目のふくろには 1 個入っているとわかる。
黒玉は，13÷4＝3 余り 1 より，1 番目のふくろから 13 番目のふくろまでに，1 個，2 個，3 個，4 個入れるこ
とを 3 回くり返した後に 1 個入れているので，13 番目のふくろには 1 個入っているとわかる。

② 白玉は 1 個，2 個，3 個入れることをくり返し，黒玉は 1 個，2 個，3 個，4 個入れることをくり返すから，
3 と 4 の最小公倍数は 12 より，1 番目から 12 番目までのふくろに入れた玉の個数の組み合わせをくり返すとわ

かる。1 番目から 12 番目までの白玉と
黒玉の個数は右表のようになり，白玉

番目	1	2	3	4	5	6	7	8	9	10	11	12	13	…
白玉(個)	1	2	3	1	2	3	1	2	3	1	2	3	1	…
黒玉(個)	1	2	3	4	1	2	3	4	1	2	3	4	1	…

の個数が黒玉の個数より多くなるのは，5 番目，6 番目，9 番目の 3 回あるとわかる。
101÷12＝8 余り 5 より，101 番目までに 1 番目から 12 番目までと同じ玉の個数の組み合わせを 8 回くり返した
後に，5 番目までふくろにいれるから，白玉の個数が黒玉の個数より多くなるふくろは全部で，3×8＋1＝
25（ふくろ）あるとわかる。

(4)

《解答例》

※ 1 　① 0.45　② $\dfrac{2}{9}$　③ 18　④ $\dfrac{1}{5}$

※ 2 　900

※ 3 　①右表　② 3

※ 4 　① 3600　②下グラフ

時　間（分）	0	1	2	3	4	5	
水 の 量 （L）	0	60	120	180	240	300	

来年度のA小学校の図書室にある本の種類と冊数の割合

```
0   10  20  30  40  50  60  70  80  90  100
└────────────────────────────────────────┘ (%)
|        文学          | 自然科学 |社会 |  その他  |
|                      |          |科学 |          |
```

※ 5 　① 24

② わかること…面積が同じになる。

　【理由】…AとBの面積はそれぞれ 6×6＝36（cm²），4×9＝36（cm²）で等しくなるため，重なっている部分の面積を引いた，重なっていない部分の面積は，同じになる。

※ 6 　① 18　② 1円当たりのピザの面積を比べると，Sサイズは 10×10×3.14÷1000＝0.1×3.14（cm²），Mサイズは 12×12×3.14÷1200＝0.12×3.14（cm²），Lサイズは 15×15×3.14÷2000＝0.1125×3.14（cm²）となる。Mサイズの面積が一番大きいので，Mサイズが一番得であると考えられる。

※すべての問題の求め方や考え方，計算式は解説を参照してください。

《解　説》

1 　② 与式＝$\dfrac{1}{2}×\dfrac{1}{6}×\dfrac{8}{3}＝\dfrac{2}{9}$

　　③ 与式＝7＋20－6－3＝18

　　④ 与式＝$\dfrac{1}{5}×\dfrac{2}{10}+\dfrac{4}{5}×\dfrac{2}{10}＝\dfrac{1}{25}+\dfrac{4}{25}＝\dfrac{5}{25}＝\dfrac{1}{5}$

2 　この積み木を積み上げて立方体にするとき，立方体の1辺の長さはたて，横，高さの公倍数となる。もっとも小さい立方体を作るので，立方体の1辺の長さをたて，横，高さの最小公倍数である，5×3×2＝30（cm）にすればよい。このときの積み木の個数は，たて方向に 30÷5＝6（個），横方向に 30÷3＝10（個），高さにそって 30÷2＝15（個）だから，必要な積み木の個数は，6×10×15＝900（個）となる。

3 　① グラフより，ホースAは5分で300Lの水を入れられるとわかる。つまり1分で 300÷5＝60（L）の水を入れられるので，解答例のようになる。

　　② ホースAは1分で60L入れられるので，3分で 60×3＝180（L）の水が入る。合計で300L入れるので，300－180＝120（L）の水をホースBで入れる。ホースBは，グラフより5分で200Lの水を入れられるとわかるので，1分で 200÷5＝40（L）の水を入れられる。よって，ホースBで，あと 120÷40＝3（分）水を入れるとよい。

4 ① グラフより自然科学の本 720 冊は，全体の 20%，つまり $\dfrac{20}{100}$ にあたるとわかるので，全部の冊数は，

720÷$\dfrac{20}{100}$＝3600（冊）である。

② 現在の冊数をまとめると，文学は全体の 40%なので 3600×$\dfrac{40}{100}$＝1440（冊），自然科学は 720 冊，社会科学は全体の 10%なので 3600×$\dfrac{10}{100}$＝360（冊），その他は全体の 30%なので 3600×$\dfrac{30}{100}$＝1080（冊）となる。

来年度は文学が 1440＋400＝1840（冊）に，全体の冊数が 3600＋400＝4000（冊）になるので，各種類の割合は，文学が $\dfrac{1840}{4000}$×100＝46（%），自然科学が $\dfrac{720}{4000}$×100＝18（%），社会科学が $\dfrac{360}{4000}$×100＝9（%），その他が $\dfrac{1080}{4000}$×100＝27（%）となる。よって，グラフは解答例のようになる。

5 ① 右図のようになるから，4×6＝24（cm²）

6 ① 表 1 で上から順に 1 つずつ選んでいくとすると，サイズの選び方は 3 通りあり，その 1 通りごとにソースの選び方が 2 通りあり，その 1 通りごとにベーストッピングの選び方が 1 通りあり，その 1 通りごとにオリジナルトッピングの選び方が 3 通りある。よって，全部で 3×2×1×3＝18（通り）となる。

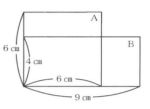

② 解答例のように 1 円当たりのピザの面積を比べればよいが，ピザの面積を計算するときに 3.14 をかけなくても，面積を比べることができる。こうすれば計算間違いも減り，解く時間も短くなる。

平成 28 年度 解答例・解説

《解答例》

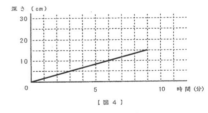

[図 4]

※1 ①4.96 ②13 ③$\dfrac{5}{7}$ ④27

※2 48

※3 ①2 ②右グラフ

※4 ①22

②正しくない

　理由…生産額の合計にしめるきのこの割合は，1994 年から 2014 年までの間に 60.0÷15.0＝4（倍）になっているが，割合の元となる生産額の合計が増加しているので，2014 年のきのこの生産額は，1994 年のきのこの生産額の 4 倍よりも大きくなっているため。

※5 ①27 ②87.92

※6 ①3 ②34

※すべての問題の求め方や考え方，計算式は解説を参照してください。

《解説》

1 ② 与式＝24－18＋7＝**13**

③ 与式＝$\dfrac{2}{3}$×$\dfrac{5}{4}$×$\dfrac{6}{7}$＝$\dfrac{5}{7}$

④ 与式＝2.7×（6＋9－5）＝2.7×10＝**27**

2 1 階から 5 階まで 5－1＝4（階）上がるのに 8 秒かかるのだから，1 階上がるのに 8÷4＝2（秒）かかる。

よって，1 階から 25 階まで 25－1＝24（階）上がるのにかかる時間は，2×24＝**48（秒）**

3 ① 【図2】から，Aは3分で，Bは6分で満水になったとわかり，Bの方が$\frac{6}{3}＝2$(倍)の時間がかかっている。

同じ割合で水を入れたのだから，Bの部分の体積はAの部分の体積の**2倍**である。

② グラフは【図2】のAやBのグラフのように直線になるので，何分後に満水になるのかを考える。

【図2】から，水そうの深さは 15 cmとわかる。1つのじゃ口が水を入れる割合は変わっておらず，しきり板があってもなくても水そう全体の容積は変わらないので，1つのじゃ口で空の水そうを満水にするのにかかる時間は，1つのじゃ口でAとBの部分を満水にするのにかかる合計時間と等しい。

よって，3＋6＝9(分後)に水そうは満水になる，つまり深さが 15 cmになるので，(0分，0cm)の点と(9分，15cm)の点を直線で結べばよい。

4 ① 合計 110 億円のうちの 20.0%だから，$110×\frac{20}{100}＝22$(億円)

② 具体的なきのこの生産額は，1994 年が $80×\frac{15}{100}＝12$(億円)，2014 年が $160×\frac{60}{100}＝96$(億円)だから，

$96÷12＝8$(倍)になっている。

しかし，割合の意味をしっかりと理解していると，きのこの生産額を具体的に計算しなくても，解答例の理由からあいりさんの考えは正しくないことがわかる。

5 ① トマトのなえを植えられる範囲(はんい)に1mおきに縦線と横線を引くと，右図アのようになる。

黒丸の位置になえを植えると最も多くのなえを植えることができ，その本数は**27本**である。

図ア

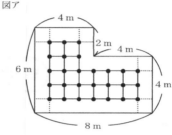

※点線の長さはすべて1m

② 犬が動くことができる範囲は，右図イの色をつけた部分である。

色をつけた部分は，半径6m，中心角360－90＝270(度)のおうぎ形と，半径2m，中心角90度のおうぎ形である。

よって，求める面積は，

$6×6×3.14×\frac{270}{360}＋2×2×3.14×\frac{90}{360}$

$＝27×3.14＋1×3.14＝(27＋1)×3.14＝28×3.14＝$**87.92(㎡)**

図イ

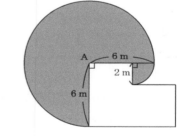

6 ① 1点→1点→1点，1点→2点，2点→1点の**3通り**ある。

② 合計得点が8点になる取り方を1通りずつ調べてもよいが，次のように考えると楽に解ける。

合計得点が1点になる取り方は1通り，合計得点が2点になる取り方は2通りである。

①の合計得点が3点になる取り方は，合計得点が2点になってから最後に1点のゴールを決める場合と，合計得点が1点になってから最後に2点のゴールを決める場合に分けられる。

したがって，合計得点が3点になる取り方は，合計得点が2点になる取り方と合計得点が1点になる取り方を合わせた，2＋1＝3(通り)である。

これと同じように考えると，4点になる取り方は，「合計得点が3点になる取り方(3通り)」と「合計得点が2点になる取り方(2通り)」を合わせて，3＋2＝5(通り)とわかる。

5点以降の取り方を同じように調べると，5点になる取り方は，

（4点になる取り方）＋（3点になる取り方）＝5＋3＝8（通り）

6点になる取り方は，（5点になる取り方）＋（4点になる取り方）＝8＋5＝13（通り）

7点になる取り方は，（6点になる取り方）＋（5点になる取り方）＝13＋8＝21（通り）

8点になる取り方は，（7点になる取り方）＋（6点になる取り方）＝21＋13＝**34（通り）**

平成 **27** 年度 **解答例・解説**

《解答例》

※ 1 ①40 ②16 ③2.4 ④54

※ 2 6

※ 3 ①9 ②7

※ 4 ①48 ②5.5

※ 5 ①下図 ②下図

※ 6 ①60 ②4.5 ③ばねBにつるしたおもりの重さ…40 ばね全体の長さ…26

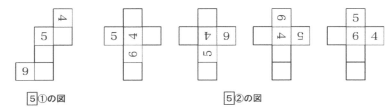

5①の図　　　　　　　5②の図

※すべての問題の求め方や考え方，計算式は解説を参照してください。

《解　説》

1 ①　与式＝(32−27)×8＝5×8＝**40**

②　与式＝$1 \div \frac{1}{4} \times 4 = 1 \times \frac{4}{1} \times 4 = 16$

③　与式＝1.68÷0.7＝**2.4**

④　与式＝$\{54 \times (69-47)\} \times \frac{1}{22} = (54 \times 22) \times \frac{1}{22} = 54 \times (22 \times \frac{1}{22}) = 54$

2 　求める分け方の数は，分けることができる正方形の種類の数に等しいため，分けることができる正方形の1辺の長さを調べる。分けることができる正方形の1辺の長さは，縦の長さと横の長さを割り切ることができる整数である。このため，縦の長さと横の長さの公約数を考える。公約数は最大公約数の約数であり，右の計算から24と36の最大公約数は2×2×3＝12とわかる。12の約数は，1，2，3，4，6，12の6個だから，分けることができる正方形の種類も6種類となり，求める分け方も**6通り**となる。

```
2 ) 24  36
2 ) 12  18
3 )  6   9
      2   3
```

3 　○の次は△，△の次は□と決まっているが，□の次は○も△も□も並べられることに注意する。

①　樹形図をかくと右のようになり，全部で**9通り**あるとわかる。

②　7枚のうち，1枚目が○だから，2枚目は△，3枚目は□に決まり，4枚目は○，△，□のどれかである。また，7枚目が□だから，6枚目は△か□である。したがって，4枚目，5枚目，6枚目の3枚の並べ方を考えればよい。この3枚の並べ方は，①の解説の図の9通りの並べ方のうち，3枚目が△か□である**7通り**が考えられるから，条件にあう並べ方は**7通り**ある。

4 ①　こぼれた水の体積は，【図2】の水が入っていない部分の容積に等しい。この部分は，直角に交わる2辺の長さが8cmと3cmの直角三角形を底面とする，高さが4cmの三角柱だから，求める体積は，(8×3÷2)×4＝**48(cm³)** と

(8)

② 【図3】の水が入っていない部分は，縦4cm，横8cmの長方形を底面とする直方体であり，その容積は 48cm³ である。この部分の高さは 48÷(4×8)＝1.5(cm)だから，求める水の深さは， 7－1.5＝**5.5(cm)** となる。

5 ① 【図1】の展開図として，下図Aの太線で切り開いた下図Bが考えられる(これは，②の(例)の展開図と同じ展開の仕方である)。立方体は1つの頂点に3つの面が集まるから，展開図で1つの頂点に3つの面が集まっている部分については，切り取る辺を変えることができるため，下図C，Dのように変形できる。この図から，4の向きと位置がわかる。

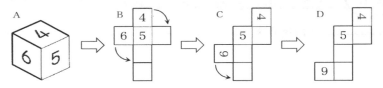

② 正答はたくさんあるため，正しい展開図をできるだけ早くつくることが大事である。このため，1通りの展開図から，ほかの展開図をつくることを考える。次の⑦，⑦のようにすれば，正しい展開図を早くつくることができる。

⑦ 3つの数字の位置関係を変えなければ，3つの数字の向きと位置を同じように回転させても，正しい展開図となる。このため，(例)の展開図から，下図のように3通りの展開図をつくれる。解答用紙を回転させながら考えるとよい。

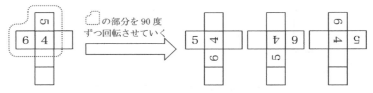

⑦ 下図の太線で切り開けば，3つの数字が(例)とは異なるつながり方をした展開図が2通りつくれる。それぞれについて，⑦と同じようにすれば，さらに3通りずつつくることができる。

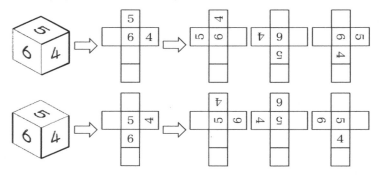

6 ① 【図2】より，ばねAが6cmのびるのは，つるしたおもりの重さが **60g** のときとわかる。

② 【図2】より，ばねBは，80gのおもりをつるすと4cmのびるとわかる。ばねののびる長さはつるしたおもりの重さに比例するから，おもりの重さが $90÷80＝\frac{9}{8}$(倍)になると，のびる長さも $\frac{9}{8}$ 倍になり，$4×\frac{9}{8}＝$ **4.5(cm)** になる。

③ ばねAとばねBの全体の長さが等しくなるのは，ばねAがばねBよりも 24－18＝6(cm)長くのびるときである。ばねBは，つるしたおもりが 10g 重くなると，のびる長さが 4×(10÷80)＝0.5(cm)増える。一方，ばねAは，つるしたおもりが 10×2＝20(g)重くなると，のびる長さが 6×(20÷60)＝2(cm)増える。したがって，ばねAにばねBの2倍の重さのおもりをつるしながら，ばねBにつるすおもりを 10g 重くすると，全体の長さの差は 2－0.5＝1.5(cm)小さくなる。このことから，全体の長さが等しくなるのは，ばねBにつるしたおもりの重さが 10×(6÷1.5)＝**40(g)** のときとわかる。このときの全体の長さは，24＋0.5×(40÷10)＝**26(cm)** である。

―――――――――《解答例》―――――――――

※ 1　①8　②10　③1.9　④$\frac{1}{10}$

※ 2　イのおもりの重さ…120　ウのおもりの重さ…40

※ 3　①189　②3

※ 4　①14　②下図

5　①36＋37＋38＋39＋40＋41＋42　②≪ア≫380　≪イ≫399

※ 6　①10　②5　③3，36

 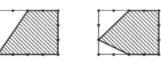

※すべての問題の求め方や考え方，計算式は解説を参照してください。

―――――――――《解　説》―――――――――

1　①　与式＝4＋(51−27)÷6＝4＋24÷6＝4＋4＝**8**

　②　与式＝$\frac{5}{9}$×18＝**10**

　③　筆算で計算すると，右のようになる

　④　与式＝$\frac{3}{4}$×($\frac{4}{5}$−$\frac{2}{3}$)＝$\frac{3}{4}$×($\frac{12}{15}$−$\frac{10}{15}$)＝$\frac{3}{4}$×$\frac{2}{15}$＝$\frac{1}{10}$

$$\begin{array}{r} 1.9 \\ 0_x\,6\,\overline{)1_x\,1.4} \\ 6 \\ \overline{5\ 4} \\ 5\ 4 \\ \overline{0} \end{array}$$

2　アのおもり1個はイとウのおもり1個ずつとつり合うため，【図2】のつり合っている状態から，アのおもり2個
　をイとウのおもり2個ずつといれかえてもつり合うとわかる。

　また，つり合っているてんびんの左右のさらから，重さの同じおもりを取り除いてもつり合うから，下図のように，
　ウのおもり3個とイのおもり1個がつり合う。

　このことと【図1】から，1＋3＝4(個)のウのおもりの重さが，アのおもり1個の重さに等しいとわかる。

　よって，ウのおもりの重さは160÷4＝**40**(g)で，イのおもりの重さは40×3＝**120**(g)となる。

3　①　立体㋐の体積は5×9×6＝270(cm³)である。立体㋑のくりぬいた直方体の体積は4.5×3×6＝81(cm³)だから，

　　立体㋑の体積は270−81＝**189**(cm³)である。

　②　くりぬいた直方体の体積は，立体㋐の体積の100−80＝20(%)にあたるから，その体積は270×$\frac{20}{100}$＝54(cm³)で

ある。したがって，くりぬいた直方体の底面積は $54\div6=9$（cm²）だから，そのたての長さは $9\div3=$ **3**（cm）となる。

4 ① 面積が 6 cm²の三角形は，底辺 3 cmで高さ 4 cmの三角形と，底辺 4 cmで高さ 3 cmの 2 種類が考えられる。

底辺 3 cmで高さ 4 cmの三角形は，底辺がアエの三角形（<u>アエク</u>，アエケ，アエコ，<u>アエサ</u>）が 4 個，底辺がクサの三角形（<u>アクサ</u>，イクサ，ウクサ，<u>エクサ</u>）が 4 個ある。

底辺 4 cmで高さ 3 cmの三角形は，底辺がアサの三角形（<u>アエサ</u>，アオサ，アカサ，アキサ，<u>アクサ</u>）が 5 個，底辺がエクの三角形（<u>アエク</u>，<u>エクサ</u>，エクシ，エクス，エクセ）が 5 個ある。

下線をつけた三角形は 2 回ずつ出てきているから，面積が 6 cm²の三角形は全部で $4\times2+5\times2-4=14$（個）ある。1 通りの点の選び方で，三角形が 1 個できるから，求めるえらび方は $1\times14=$ **14（通り）**ある。

② 長方形の面積が $3\times4=12$（cm²）だから，長方形から，面積の合計が $12-9=3$（cm²）の図形を切り取ると考えればよい。解答例以外では，下のような解答もある。

5 ① 1 段ごとに《ア》，《イ》に並ぶ整数の個数が 1 個ずつ増えているから，5 段目と 6 段目は下のようになるとわかる。

	《ア》	《イ》

5 段目　　$25+26+27+28+29+30=31+32+33+34+35$

6 段目　　$\mathbf{36+37+38+39+40+41+42}=43+44+45+46+47+48$

② 3 段目は，《ア》に 4 個（$3+1$）の数が並び，《イ》に 3 個の数が並んでおり，《ア》のいちばん右の数は 12（4×3）である。

同じように，各段の《ア》，《イ》それぞれに並ぶ数の個数と，《ア》のいちばん右の数に注目すると，n 段目は《ア》に（$n+1$）個，《イ》に n 個の数が並び，《ア》のいちばん右の数は（$n+1$）$\times n$ で求められることがわかる。

したがって，19 段目の《ア》のいちばん右の数は（$19+1$）$\times19=$ **380** となる。

また，19 段目の《イ》のいちばん右の数は 380 より 19 だけ大きい数だから，$380+19=$ **399** である。

〔別の解法〕

各段の《ア》のいちばん左の数に注目すると，n 段目の《ア》のいちばん左の数は $n\times n$ で求められることがわかる。

また，各段の《ア》に並んだ数の個数に注目すると，n 段目の《ア》には（$n+1$）個の数が並んでいることがわかり，《ア》のいちばん右の数は，いちばん左の数より n だけ大きい数である。

したがって，19 段目の《ア》のいちばん左の数は $19\times19=361$ だから，《ア》のいちばん右の数は $361+19=$ **380** となる。

また，20 段目の《ア》のいちばん左の数は $20\times20=400$ だから，19 段目の《イ》のいちばん右の数は $400-1=$ **399** とわかる。

6 ① 【図1】より，水そう⑦にたまっている水の量は，1 分間あたり $200\div8=25$（L）増えているとわかる。

よって，求める時間は，$250\div25=$ **10（分後）**

② 【図1】より，8 分間で水そう⑦の底からぬけた水の量は $200-160=40$（L）とわかる。

よって，水そう⑦は，1 分間あたり $40\div8=$ **5**（L）の水がぬけている。

③ 穴をふさぐと，水そう⑦の水は 1 分間あたり 25 L ずつ増えることになる。

穴をふさいだ時点での水そう⑦には，あと $250-160=90$（L）の水が入るから，穴をふさいでから水がいっぱいになるまでに $90\div25=\dfrac{18}{5}=3\dfrac{3}{5}$（分）かかる。

$\dfrac{3}{5}$ 分は $60\times\dfrac{3}{5}=36$（秒）だから，求める時間は **3 分 36 秒後** となる。

── 《解答例》 ──

[1] ①6.48　②$\dfrac{23}{24}$　③70　④1

[2] 選んだ図形…円　異なる特ちょう…曲線でできている。〔別解〕頂点がない。

選んだ図形…平行四辺形　異なる特ちょう…線対称な図形ではない。

選んだ図形…正五角形　異なる特ちょう…点対称な図形ではない。のうち1つ

[3] ①15　※②27

[4] ①(イ)，(ウ)　②下図のうち3つ

[5] ①(ア，ウ，オ)(イ，エ，カ)　②(ア，イ，ウ)(ア，イ，カ)(ア，オ，カ)(イ，ウ，エ)(ウ，エ，オ)(エ，オ，カ)　③12

※[6] ①32　②25

※[3]②，[6]の【求め方や考え方】は解説を参照してください。

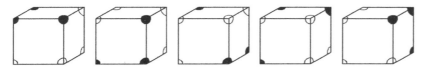

── 《解　説》 ──

[1] ②　与式＝$\dfrac{44}{24}-\dfrac{21}{24}=\dfrac{23}{24}$

③　与式＝$6\times12-2=$**70**

④　与式＝$\dfrac{1}{8}\div\dfrac{3}{4}\times9\times\dfrac{2}{3}=\dfrac{1}{8}\times\dfrac{4}{3}\times9\times\dfrac{2}{3}=$**1**

[2]　線対称な図形は，対称の軸をもち，半分に折るとぴったり重なる図形のことである。

点対称な図形は，対称の中心をもち，180度回転すると元の図形とぴったり重なる図形のことである。

それぞれの図形の対称の軸，対称の中心は下図のとおりである。なお，円の対称の軸は無数にある。

正方形	正五角形	平行四辺形	円
線対称な図形でもあり，点対称な図形でもある。	線対称な図形である。	点対称な図形である。	線対称な図形でもあり，点対称な図形でもある。

[3] ①　明かりがついてから再びつくまでの時間を考えると，赤の電球は1＋1＝2(秒)，緑の電球は1＋3＝4(秒)である。2と4の最小公倍数は4だから，二つの電球の明かりのつき方は4秒ごとに同じになる。このことから，スイッチを入れてから4秒後までの二つの電球の明かりのつき方について，ついているときを太線で，消えているときを点線で表すと，右図のようになる。この図から，スイッチを入れてから4秒間で二つの電球の明かりが両方ともついている時間は1秒とわかる。スイッチを入れてから4秒後以降はこの図の状態が周期的にくり返され，60÷4＝15より，スイッチを入れてから60秒間にそのくり返しは15回ある。よって，求める時間は1×15＝**15(秒)**となる。

② ①と同様に考える。明かりがついてから再びつくまでの時間は，赤の電球が２＋２＝４（秒），緑の電球が３＋２＝５（秒）だから，４と５の最小公倍数は４×５＝20より，二つの電球の明かりのつき方は20秒ごとに同じになる。スイッチを入れてから20秒間の二つの電球の明かりのつき方について，ついているときを太線で，消えているときを点線で表すと下図のようになり，両方ともついているときは色をつけた２＋１＋１＋２＝６（秒）である。

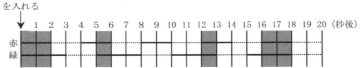

90÷20＝４余り10より，スイッチを入れてから90秒間は，この図の５回目の10秒後までにあたるから，求める時間は，６×４＋２＋１＝**27（秒）**

4 ① 図１の立方体でまわりを黒でぬられた頂点は，見えている三つの他に見えていない一つがあるから，全部で四つある。この四つの頂点を結ぶと，右図の色をつけた平面ができることから，（ア）～（オ）の中で同じ平面ができる図を探せばよい。

② まわりを黒でぬられた頂点が三つだけ見える図を考えればよく，下図のように回転させることで⑦～⑰の五つを見つけることができる。よって，⑦～⑰の中から三つを答えればよい。

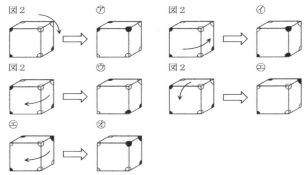

5 ③ 砂糖菓子を切ってしまう辺は，アとエ，イとオ，ウとカをそれぞれ結ぶ辺である。アとエを結ぶ辺を１辺とする三角形ができるカードの組み合わせは（ア，イ，エ）（ア，ウ，エ）（ア，エ，オ）（ア，エ，カ）の４通りあり，イとオ，ウとカをそれぞれ結ぶ辺についても同様に，その辺を１辺とする三角形ができるカードの組み合わせは４通りずつある。よって，求める組み合わせは全部で４×３＝**12（通り）**となる。

6 ① 右図のように補助線を引き，記号をおくと，四角形アイウエの面積は台形アイウカと三角形アエカの面積の和に等しいとわかる。また，角オアカと角イアエの大きさが90度だから，角オアイと角カアエの大きさが等しくなり，三角形アイオと三角形アエカは合同で面積が等しいとわかる。したがって，求める面積は台形アイウカと三角形アイオの面積の和に等しく，これは四角形アオウカの面積にあたる。三角形アイオと三角形アエカが合同だから，四角形アオウカは対角線の長さが８cmの正方形とわかり，求める面積は８×８÷２＝**32（cm²）**となる。

② 右図のように補助線を引き，記号をおく。三角形オケサと三角形オコシは合同だから，四角形オケウコの面積は正方形オサウシの面積に等しい。頂点オが正方形アイウエの対角線アウと対角線イエの交わる点にあたるから，正方形オサウシの１辺の長さは正方形アイウエの１辺の長さの半分に等しく，10÷２＝５（cm）である。よって，求める面積は，５×５＝**25（cm²）**

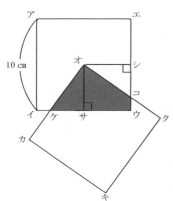

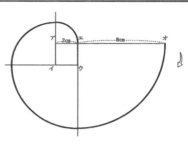

平成 24 年度 解答例・解説

《解答例》

---

1 ①25.2　②$\frac{11}{18}$　③4　④$\frac{2}{3}$

2 450

3 ①右図　※②98.2

4 ①182　②正しくない

理由…水あげ金額の合計が，1995 年と 2010 年とでは異なるため。／

　　　サバの水あげ金額が，1995 年は 420 億円×0.15＝63 億円，2010 年は

　　　380 億円×0.3＝114 億円であり，63 億円の 2 倍は 63 億円×2＝126 億円であり，114 億円ではないから。

5 ①ア　　　　　　　イ　　　　　　ウ　　　　　　エ

②理由…和室を，1 辺の長さが④の正方形と考える。

　　　　横向き 1 枚のたたみを⑦の位置に置くと，⑦の真下は③の空間ができる。

　　　　縦向きのたたみは縦の長さが②だから，この空間を縦向きのたたみだけ

　　　　でしきつめることはできない。横向き 1 枚のたたみを④の位置に置くと，

　　　　④の真下は①の空間ができる。この位置に縦向きのたたみをいれること

　　　　はできない。このように，どの位置に横向き 1 枚のたたみを置いても，その上または下の空間を縦向きの

　　　　たたみだけでしきつめることはできない。

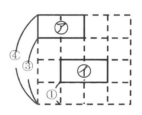

6 ①46　※②58

※**3**②と**6**②の求め方や考え方は解説を参照してください。

《解　説》

---

1 ②　与式＝$\frac{15}{18}-\frac{4}{18}=\frac{11}{18}$

　　③　与式＝$6-4\div2=6-2=4$

　　④　与式＝$\frac{3}{8}\times\frac{4}{9}\times4=\frac{2}{3}$

2　お父さんが 72×3＝216（cm）あるく間に，よしおさんは 46×4＝184（cm）あるく。

　　つまり，お父さんが 3 歩あるくたびに 2 人の間の距離は 216－184＝32（cm）ずつ縮まる。

　　48m＝4800 cm　4800÷32＝150 より，お父さんは 3 歩あるくのを 150 回行えばよしおさんに追いつく。

　　よって，お父さんは 3×150＝**450**（歩）あるく。

3 ② 半径8cmの円を$\frac{1}{4}$に切ったおうぎ形と，半径8－2＝6(cm)の円を$\frac{1}{4}$に切ったおうぎ形と，半径6－2＝4(cm)の円を$\frac{1}{4}$に切ったおうぎ形と，半径4－2＝2(cm)の円を$\frac{1}{4}$に切ったおうぎ形と，1辺が2cmの正方形の面積の合計を求めればよい。

$$8 \times 8 \times 3.14 \times \frac{1}{4} + 6 \times 6 \times 3.14 \times \frac{1}{4} + 4 \times 4 \times 3.14 \times \frac{1}{4} + 2 \times 2 \times 3.14 \times \frac{1}{4} + 2 \times 2$$
$$=(8 \times 8 + 6 \times 6 + 4 \times 4 + 2 \times 2) \times 3.14 \times \frac{1}{4} + 4$$
$$=(64+36+16+4) \times 3.14 \times \frac{1}{4} + 4 = 94.2 + 4 = \mathbf{98.2}(cm^2)$$

※問題文に「①でえがいた線と，直線エオで囲まれた部分」とあるので，糸が通ったあとの面積ではない。だから，正方形アイウエの面積も含まれる。要チェック！

4 ① 520億円×0.35＝**182億円**

5 ① 横向き，縦向きのたたみがそれぞれ4枚あり，うらがえしたり,回したりしても別のものと同じにならない図が4つかかれていれば可。

6 ① 1番目は1，2番目は1＋1＝2，3番目は1＋2＋1＝4，4番目は1＋2＋3＋1＝7，5番目は1＋2＋3＋4＋1＝11，…

この規則性から，n番目は1＋2＋…＋n－2＋n－1＋1

よって，10番目は1＋2＋…＋8＋9＋1＝(1＋9)×9÷2＋1＝**46**

② 〈表2〉の奇数番目については〈表1〉と同じ数になる。

つまり，29番目は1＋2＋…＋27＋28＋1＝(1＋28)×28÷2＋1＝407

31番目は1＋2＋…＋29＋30＋1＝(1＋30)×30÷2＋1＝466

例えば，2番目の数は3番目の数である4から1をひいて，4－1＝3，4番目の数は5番目の数である11から1をひいて，11－1＝10 よって，n番目の数で，nが偶数のとき，n＋1番目の数から1をひいた数になる。

したがって，30番目は466－1＝465より，29番目と30番目の数の差は465－407＝**58**

〔別解〕

ななめの列で見ると，奇数番目は上から下に，偶数番目は下から上に1ずつ数が大きくなる。

つまり，ななめの列の29番目は29個の数が，30番目は30個の数が並ぶから，

差は29＋30－1＝**58**

1	3		11	
2	5	9	12	
6	8	13		
7	14			
15				

平成㉓年度 解答例・解説

─《解答例》─

1 ①9 ②$\frac{1}{24}$ ③45 ④94

2 12

3 ①22.5 ②3.75

4 ①45 ※②210

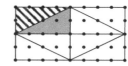

5 ①右図のように，ひし形の4つの頂点が周上にある長方形を作図する。

このときの長方形の面積は，対角線×対角線で求めることができる。

ひし形の2本の対角線は，それぞれの対角線のまん中の点で垂直に交わるので，

4つに分けられた三角形は合同な三角形である。また，図の色のついた三角形と斜線の三角形も合同になるから，

ひし形の面積は，色のついた三角形の面積の4個分であり，長方形の面積は，色のついた三角形の面積の8個分

になる。よって，ひし形の面積は，長方形の面積の$\frac{4}{8}＝\frac{1}{2}$になる。

したがって，ひし形の面積は，対角線×対角線÷2で求めることができる。

②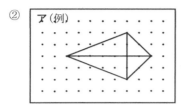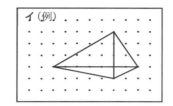

6 ①335   ②50，55，60，70，100

※の求め方・考え方，方法1・2は解説を参照してください。

《 解　説 》

1 ①　与式＝$6×\frac{3}{2}＝9$ ②　与式＝$\frac{21}{24}－\frac{20}{24}＝\frac{1}{24}$

③　与式＝$3＋7×6＝3＋42＝45$

④　与式＝$9.4×8＋9.4×2＝9.4×(8＋2)＝9.4×10＝94$

2　1～6日の平均利用者数は12人であり，利用できた日は4日あるから1～6日の利用者の合計は，

12×4＝48(人)である。同様にして，7～13日の利用者の合計は，13×5＝65(人)　14～20日の利用者の合計は，

11×5＝55(人)　21～27日の利用者の合計は，14×4＝56(人)　28～30日の利用者の合計は，8×2＝16(人)

よって，11月の利用者の合計は48＋65＋55＋56＋16＝240(人)であり，11月の利用できた日の合計は

4＋5＋5＋4＋2＝20(日)あるので，11月の図書室を利用できた日の1日の平均利用者数は240÷20＝12(人)

3　①　長方形の面積は6×10＝60(cm²)，半円の半径は10÷2＝5(cm)だから，半円の面積は

5×5×3÷2＝37.5(cm²)　よって，しゃ線であらわされた部分の面積は60－37.5＝22.5(cm²)

②　図イの半円と長方形の重なった部分を②とする。

(あの面積)＋(いの面積)＋(②の面積)＝(長方形の面積)

(うの面積)＋(②の面積)＝(半円の面積)であり，(あの面積)＋(いの面積)＝(うの面積)だから，長方形の面積と半

円の面積は等しく37.5 cm²である。

よって，長方形のたての長さは37.5÷10＝3.75(cm)

4　①　方法1　(例)空港の数が10のとき，1つの空港からつなぐ路線の数は10－1＝9である。

空港は10あるので，それぞれの空港からあわせて9×10＝90の路線をつなぐことができるが，1つの路線を2回

ずつ数えることになるので，空港の数が10のときの路線の数は90÷2＝45である。

(16)

【方法２】空港の数を１づつ増やすと，路線の数は１，２，３，…と増えていく。これを表に表すと下表のようになる。

空港の数	1	2	3	4	5	6	7	8	9	10
路線の数	0	1	3	6	10	15	21	28	36	45

よって，空港の数を１から10まで９回増やすと，路線の数は０から

１＋２＋３＋４＋５＋６＋７＋８＋９＝45 増えるので，路線の数は **45** である。

〔別解〕表の上下の空港の数と路線の数をたすと右の路線の数になることなどさまざまな解法がある。

② 【方法２】より，空港の数を１増やすと，路線の数が 20 増えるときは，空港の数が 20＋１＝21 のときである。

よって，路線の数は０＋１＋２＋３＋…＋19＋20＝（１＋20）×20÷２＝**210** である。

⑤ ②ア　１つの対角線のまん中の点を，もう１つの対角線のまん中の点以外が垂直に通っていればよい。

　　イ　それぞれの対角線のまん中の点を通らないように，垂直に交わっていればよい。

⑥ ①　＜表１＞の組み合わせをすべてたすとすべてのノートを４回ずつたしたことになり，その和は＜表２＞より，

105＋110＋115＋120＋125＋130＋150＋155＋160＋170＝1340（円）になる。よって，５冊分の代金は

1340÷４＝**335（円）**である。

② ５冊のノートのねだんを安いほうから順に，Ａ円，Ｂ円，Ｃ円，Ｄ円，Ｅ円とする。いちばん安い買い方は

Ａ＋Ｂ＝105 円である。また，いちばん高い買い方はＤ＋Ｅ＝170 円である。

①より，Ａ＋Ｂ＋Ｃ＋Ｄ＋Ｅ＝335 円だから，Ｃのねだんは 335－（105＋170）＝335－275＝60（円）とわかる。

２番目に安い買い方はＡ＋Ｃ＝110 円だから，Ａのねだんは 110－60＝50（円）であり，Ａ＋Ｂ＝105 円より，Ｂのねだんは 105－50＝55（円）である。２番目に高い買い方はＣ＋Ｅ＝160 円だから，Ｅのねだんは 160－60＝100（円）であり，Ｄ＋Ｅ＝170 円より，Ｄのねだんは，170－100＝70（円）である。

これは，問題にあてはまる。よって，この５種類のノートのねだんは安いほうから順に，**50 円，55 円，60 円，70 円，100 円**である。

平成 **22** 年度 解答例・解説

───── 《解答例》 ─────

1　①７　②１　③50　④$\frac{3}{8}$

2　40

3　①２：３　※②216

4　①21　※②100

5　※①１番目…18　２番目…48　３番目…90　②218

6　①下図　②下図

①の図

②の図

※の求め方や考え方は解説を参照してください。

1 ②　[与式]＝7－6＝1

　③　[与式]＝(26＋24)×28－50×27＝50×28－50×27＝50×(28－27)＝50×1＝**50**

2 　870gはねん土と容器1つ分の重さであり，290＋310＋350＝950(g)はねん土と容器3つ分の重さである。

　　したがって，950－870＝80(g)は容器2つ分の重さであり，容器の重さは80÷2＝**40(g)** である。

3 ①　たての長さは$\frac{24}{高さ}$，横の長さは$\frac{36}{高さ}$と表せる。

　　したがって，たてと横の長さの割合は，$\frac{24}{高さ}$：$\frac{36}{高さ}$＝24：36＝**2：3** である。

　②　①より，たて：横の比が2：3なので，たての長さは$15×\frac{2}{2＋3}$＝6(cm)，横の長さは15－6＝9(cm)である。

　　また，高さは24÷6＝4(cm)である。

　　したがって，直方体の体積は，6×9×4＝**216(cm³)** である。

4 ①　最初10cm上がるのに1分間かかり，あとは2分間で1cmずつ上がっていくので，いも虫が木にたどりつくまでの

　　時間は，1＋(20－10)÷1×2＝**21(分)**

　②　最初の1分間で10cm上がり，あとは2分間で1cmずつ上がっていくので，いも虫が2分以降の

　　181－1＝180(分間)で上がる長さは180÷2×1＝90(cm)

　　したがって，いも虫がはじめにぶら下がっていた糸の長さは，10＋90＝**100(cm)**

5 ①　[1番目] 使われている積み木の個数は，3×3×3＝27(個)

　　　　　色がぬられていない積み木の個数は，(3－2)×(3－2)×(3－2)＝1(個)

　　　　　3面に色がぬられている積み木の個数は各頂点を含む8個

　　　　　したがって，1面だけに色がぬられている積み木と，2面だけに色がぬられている積み木の個数の和は，

　　　　　27－1－8＝**18(個)**

　　[2番目] 使われている積み木の個数は，4×4×4＝64(個)

　　　　　色がぬられていない積み木の個数は，(4－2)×(4－2)×(4－2)＝8(個)

　　　　　3面に色がぬられている積み木の個数は8個

　　　　　したがって，1面だけに色がぬられている積み木と，2面だけに色がぬられている積み木の個数の和は，

　　　　　64－8－8＝**48(個)**

　　[3番目] 使われている積み木の個数は，5×5×5＝125(個)

　　　　　色がぬられていない積み木の個数は，(5－2)×(5－2)×(5－2)＝27(個)

　　　　　3面に色がぬられている積み木の個数は8個

　　　　　したがって，1面だけに色がぬられている積み木と，2面だけに色がぬられている積み木の個数の和は，

　　　　　125－27－8＝**90(個)**

　②　使われている積み木の個数は，7×7×7＝343(個)

　　色がぬられていない積み木の個数は，(7－2)×(7－2)×(7－2)＝125(個)

　　したがって，色がぬられているすべての積み木の個数は，343－125＝**218(個)**

■ ご使用にあたってのお願い・ご注意

（1）問題文等の非掲載

著作権上の都合により，問題文や図表などの一部を掲載できない場合があります。

誠に申し訳ございませんが，ご了承くださいますようお願いいたします。

（2）過去問における時事性

過去問題集は，学習指導要領の改訂や社会状況の変化，新たな発見などにより，現在とは異なる表記や解説になっている場合があります。過去問の特性上，出題当時のままで出版していますので，あらかじめご了承ください。

（3）配点

学校等から配点が公表されている場合は，記載しています。公表されていない場合は，記載していません。

独自の予想配点は，出題者の意図と異なる場合があり，お客様が学習するうえで誤った判断をしてしまう恐れがあるため記載していません。

（4）無断複製等の禁止

購入された個人のお客様が，ご家庭でご自身またはご家族の学習のためにコピーをすることは可能ですが，それ以外の目的でコピー，スキャン，転載（ブログ，ＳＮＳなどでの公開を含みます）などをすることは法律により禁止されています。学校や学習塾などで，児童生徒のためにコピーをして使用することも法律により禁止されています。

ご不明な点や，違法な疑いのある行為を確認された場合は，弊社までご連絡ください。

（5）けがに注意

この問題集は針を外して使用します。針を外すときは，けがをしないように注意してください。また，表紙カバーや問題用紙の端で手指を傷つけないように十分注意してください。

（6）正誤

制作には万全を期しておりますが，万が一誤りなどがございましたら，弊社までご連絡ください。

なお，誤りが判明した場合は，弊社ウェブサイトの「ご購入者様のページ」に掲載しておりますので，そちらもご確認ください。

■ お問い合わせ

解答例，解説，印刷，製本など，問題集発行におけるすべての責任は弊社にあります。

ご不明な点がございましたら，弊社ウェブサイトの「お問い合わせ」フォームよりご連絡ください。迅速に対応いたしますが，営業日の都合で回答に数日を要する場合があります。

ご入力いただいたメールアドレス宛に自動返信メールをお送りしています。自動返信メールが届かない場合は，「よくある質問」の「メールの問い合わせに対し返信がありません。」の項目をご確認ください。

また弊社営業日（平日）は，午前９時から午後５時まで，電話でのお問い合わせも受け付けています。

━━ 2025 春

株式会社教英出版

〒422-8054　静岡県静岡市駿河区南安倍３丁目 12-28

TEL　054-288-2131　　FAX　054-288-2133

URL　https://kyoei-syuppan.net/

MAIL　siteform@kyoei-syuppan.net

教英出版 2025　12 の 1　静岡大学教育学部附属中 10 年分

＜その1＞　　受検番号 ＿＿＿＿＿＿＿＿　氏名 ＿＿＿＿＿＿＿＿＿＿＿＿＿＿

≪　受検上の注意点　≫
○　この検査は，問題用紙が5枚あります。すべてに受検番号と氏名をかきなさい。
○　空いているところに，計算やとちゅうの考え方をかきなさい。
○　できる問題からやりましょう。

（45分）

※100点満点
（配点非公表）

1　次の計算をしなさい。

①　8.4×0.25

②　$\dfrac{3}{4} - \dfrac{1}{6}$

③　72×8 − 22×8 − 50×6

④　$\dfrac{7}{9} \div \dfrac{1}{12} \times \dfrac{3}{14}$

2　0，1，2，9の数がかかれた4枚のカードがあります。これらを並べて4けたの整数をつくります。例えば，右のように並べると，2019になります。並べてできる4けたの整数は何通りあるか，求めなさい。また，求め方や考え方を，図や式，言葉などでかきなさい。ただし，9のカードだけは，上下を逆にして，6のカードとして使うことができます。

2019

【求め方や考え方】

通り

—その1—

3　下の【表１】のように，ある規則にもとづいて整数が１から順に並んでいます。この
　【表１】は，１６より大きな数も，同じ規則にもとづいて並んでいます。また，それぞ
　れの数の位置を，行と列で示します。例えば，「６」は，「２行３列目」の位置にある数
　を示しています。この【表１】について，次の問いに答えなさい。

【表１】

	1 列	2 列	3 列	4 列	5 列	...
1 行	1	2	5	1 0		
2 行	4	3	6	1 1		
3 行	9	8	7	1 2		
4 行	1 6	1 5	1 4	1 3		
5 行						
:						

①　２行５列目の位置にある数を求めなさい。

②　１１２は何行何列目の位置にあるか，求めなさい。また，求め方や考え方を，図や
　式，言葉などでかきなさい。

【求め方や考え方】

行　　　　列目

4　はるとさんは，静岡の自宅から，東京で行われるイベントの会場までの２００ｋｍの道のりを，自動車で移動します。このとき，次の問いに答えなさい。ただし，自動車の速さは一定で，とちゅうで止まることがないものとします。

① 時速４８ｋｍで移動したときにかかる時間を求めなさい。

	時間	分	

② ２００ｋｍの道のりを，時速 x ｋｍで y 時間かけて移動します。このとき，x と y は，ともなって変わる２つの量です。この x と y の関係を何というか，答えなさい。また，そのような関係があるといえる理由をかきなさい。

【x と y の関係】

【理由】

③ はるとさんは，午後４時３０分から始まるイベントに参加するために，静岡の自宅を同じ日の午後１時００分に出発します。午後３時４０分から午後４時２０分の間に到着するためには，自動車は時速何ｋｍから時速何ｋｍの間で移動すればよいか，求めなさい。また，求め方や考え方を，図や式，言葉などでかきなさい。

【求め方や考え方】

時速	ｋｍから時速	ｋｍの間	

—その３—

5　用紙にかかれたものを，コピー機を使って拡大したり縮小したりすることについて考えます。例えば，１５０％に設定して長方形がかかれた紙をコピーすると，コピーしたあとの長方形の縦と横の長さはそれぞれコピーする前の１.５倍になります。また，下に示されている用紙ア，イがあります。このとき，次の問いに答えなさい。
　　ただし，コピーしたあとの長方形は，紙からはみ出さないものとします。

用紙ア：縦１２cm，横８cmの長方形がかかれている用紙
用紙イ：縦 a cm，横 b cmの長方形がかかれている用紙

---

①　用紙アを５０％でコピーし，それをさらに８０％でコピーしました。このとき，コピーしたあとの長方形の縦の長さは，もとの長方形の縦の長さの何倍になるか，求めなさい。

倍

②　用紙アを１２５％でコピーしたあとの長方形の面積を求めなさい。

ｃｍ²

③　用紙イを１５０％でコピーし，それをさらに１２０％でコピーしました。このとき，コピーしたあとの長方形の縦の長さは２７cmになりました。用紙イのもとの長方形の縦の長さ a を求めなさい。また，求め方や考え方を，図や式，言葉などでかきなさい。

【求め方や考え方】

ｃｍ

6　右の【図１】の四角形アイウエは，対角線の長さが
８ｃｍの正方形です。次の問いに答えなさい。

①　四角形アイウエの面積を求めなさい。

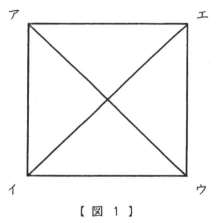

【図１】

ｃｍ²

②　右の【図２】のように，【図１】の四角形アイウエ
の内部に，点イを中心とする半径イウの円の $\frac{1}{4}$ の部
分がぴったり入っています。このとき，色のついてい
る部分の面積を求めなさい。また，求め方や考え方を，
図や式，言葉などでかきなさい。
　　ただし，円周率は３.１４とします。

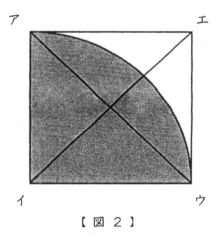

【図２】

【求め方や考え方】

ｃｍ²

2019(H31) 静岡大学教育学部附属中(静岡・島田・浜松)
K教英出版　算5の5

＜その１＞　受検番号＿＿＿＿＿＿　氏名＿＿＿＿＿＿＿＿＿＿＿＿＿＿＿

《　受検上の注意点　》
○　この検査は，問題用紙が５枚あります。すべてに受検番号と氏名をかきなさい。
○　空いているところに，計算やとちゅうの考え方をかきなさい。
○　できる問題からやりましょう。

（45分）

※100点満点
（配点非公表）

1　次の計算をしなさい。

①　$6.9 \div 4.6$

②　$\dfrac{7}{9} - \dfrac{5}{12}$

③　$28 - 3 \times (13 - 4)$

④　$0.8 \times \dfrac{9}{10} \div 5.4$

2　台形の平行な２つの辺を，上底，下底といい，上底と下底の間に垂直にかいた直線の長さを，高さといいます。
　　【図１】のような台形アイウエがあります。ゆうとさんは，【図２】のような線をかいて，台形の面積を求める公式が成り立つ理由を説明しました。ゆうとさんはどのように説明したか，かきなさい。

【ゆうとさんの説明】

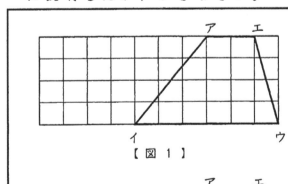
【図１】

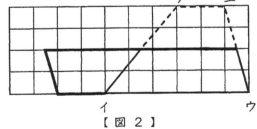
【図２】

－　その１　－

2018(H30) 静岡大学教育学部附属中(静岡・島田・浜松)
K教英出版　算5の1

<その1>　受験番号　　　氏名

1 次の計算をしなさい。

① 6.8÷4.6

② $\dfrac{7}{8}-\dfrac{5}{12}$

③ 28−3×(13−4)

④ $0.8\times\dfrac{9}{10}-\dfrac{3}{4}$

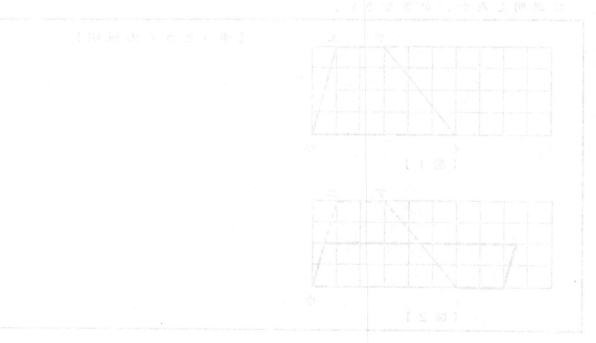

＜その２＞　受検番号＿＿＿＿＿＿　氏名＿＿＿＿＿＿＿＿＿＿＿＿＿＿

3　うさぎとかめが，かけっこをします。【図１】のグラフは，それぞれの進むようすを表しています。次の問題に答えなさい。

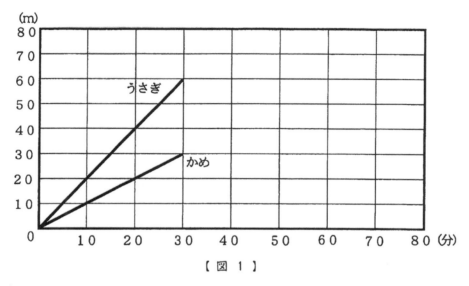

【図１】

①　スタートしてから３０分までの間では，うさぎの進む速さはかめの進む速さの何倍か求めなさい。

倍

②　ゴールまで８０ｍの道のりのとちゅうで，うさぎが昼寝を始めましたが，かめはそのまま進み続けます。そのときのようすは【図２】のようなグラフになりました。かめが勝つことができるのは，うさぎが何分より長い時間昼寝をした場合か求めなさい。また，そのように考えた理由を，図や式などを用いて言葉でかきなさい。ただし，うさぎもかめも，それぞれスタートしたときと同じ速さで進むものとします。

【理由】

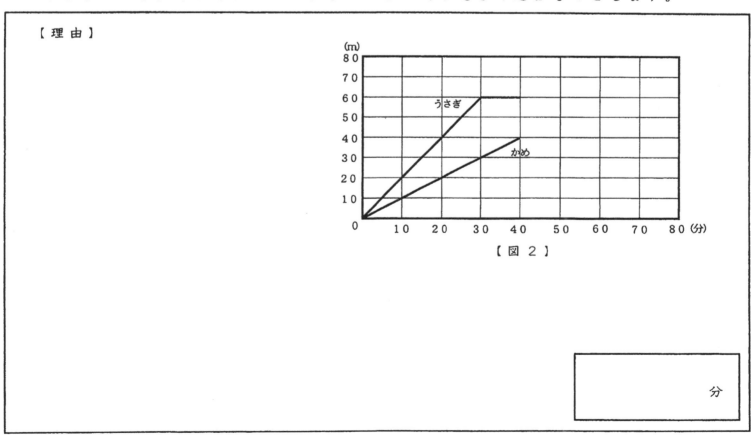

【図２】

分

－　その２　－

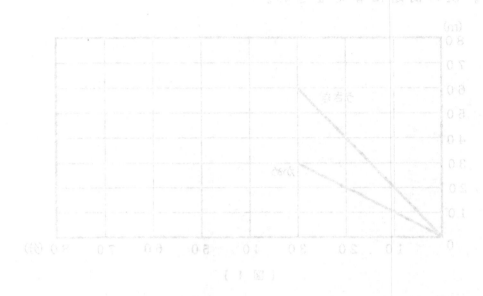

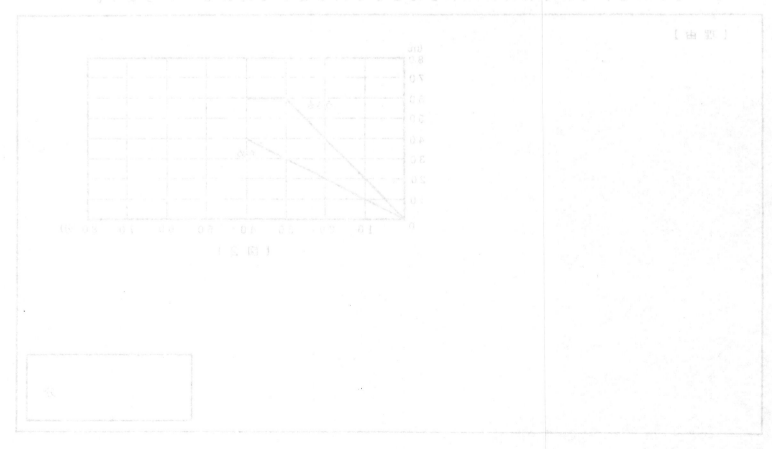

2018(H30) 静岡大学教育学部附属静岡中・島田・浜松
K教英出版

4 　【表１】と【表２】は，2008年と2016年における都道府県別のみかんの生産量と，全国の総生産量に対する割合について示したものです。次の問題に答えなさい。

【表１】みかんの生産量と全国の総生産量
　　　に対する割合　（2008年）

都道府県名	生産量 （万ｔ）	割合 （％）
愛媛	13.8	23
和歌山	10.2	17
静岡	8.4	14
熊本	7.2	12
佐賀	6.0	10

【表２】みかんの生産量と全国の総生産量
　　　に対する割合　（2016年）

都道府県名	生産量 （万ｔ）	割合 （％）
和歌山	16.8	21
愛媛	12.8	16
静岡	9.6	
熊本	8.0	10
長崎	5.6	7

① 　【表２】の空らんに入る割合を求めなさい。

％

② 　【表１】と【表２】を比べたとき，生産量は2008年に対して2016年の方が増えているにもかかわらず，割合は減っている都道府県があります。
　　このように，生産量は増えているにもかかわらず，割合が減っている理由を，図や式，言葉などで説明しなさい。

【理由】

5　【図１】と【図２】は，いくつかの空き缶をぴったりと並べて，ひもでしばったときに，上から見たようすを表しています。次の問題に答えなさい。
　　ただし，空き缶の底面は，すべて合同な円とし，ひもの太さや結び目の長さは考えないものとします。また，円周率は 3.14 とします。

①　【図１】のとき，斜線部分の面積を求めなさい。また，求め方や考え方を，図や式，言葉などでかきなさい。

【求め方や考え方】

20 cm
【図１】

cm²

②　【図１】と同じ空き缶を【図２】のように並べました。このとき，しばったひもの長さを求めなさい。また，求め方や考え方を，図や式，言葉などでかきなさい。

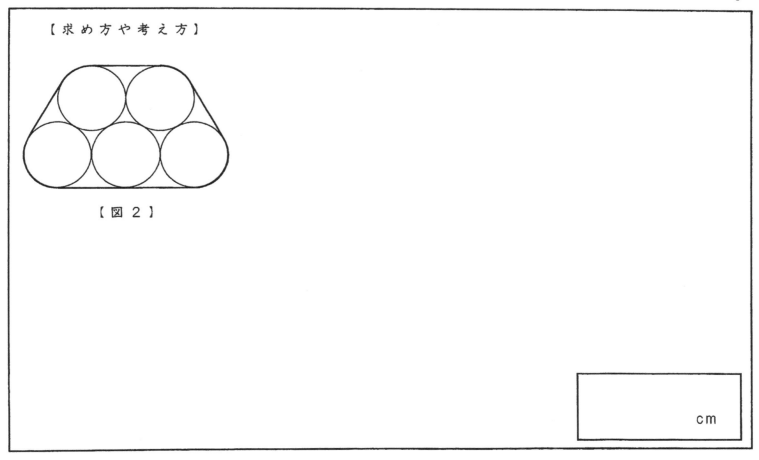

【求め方や考え方】

【図２】

cm

6　白と黒の２種類の玉と，１から順に番号がつけられているふくろがあります。次の〈規則〉にしたがって白玉と黒玉をふくろに入れ，１番目のふくろから番号順に左から一列に並べると，【図１】のようになります。次の問題に答えなさい。

〈規則〉
（ア）ふくろに入れる白玉の個数は，１番のふくろから番号順に，１個，２個，３個　１個，２個，３個，・・・と，１個，２個，３個の順に，これをくり返す。

（イ）ふくろに入れる黒玉の個数は，１番のふくろから番号順に，１個，２個，３個　４個，１個，２個，３個，４個，・・・と，１個，２個，３個，４個の順に，これをくり返す。

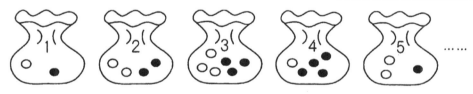

【図１】

①　１３番目のふくろに入っている白玉と黒玉の数をそれぞれ求めなさい。

白玉　　　　　　個，黒玉　　　　　　個

②　101番目のふくろまで，白玉と黒玉を入れ終えました。このとき，白玉の個数が黒玉の個数より多く入っているふくろの数を求めなさい。また，求め方や考え方を，図や式，言葉などでかきなさい。

【求め方や考え方】

ふくろ

＜その１＞　受検番号＿＿＿＿＿　氏名＿＿＿＿＿＿＿＿＿＿＿

《　受検上の注意点　》
○　この検査は，問題用紙が５枚あります。すべてに受検番号と氏名をかきなさい。
○　空いているところに，計算やとちゅうの考え方をかきなさい。
○　できる問題からやりましょう。

(45分)

1　次の計算をしなさい。

①　$0.99 \div 2.2$

②　$\dfrac{1}{2} \div 6 \div \dfrac{3}{8}$

③　$7 + 5 \times 4 - 18 \div 3 - 3$

④　$1 \div 5 \times 0.2 + \dfrac{4}{5} \times 0.2$

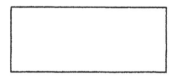

2　【図１】のような，たて５cm，横３cm，高さ２cmの直方体の積み木があります。この積み木を，同じ向きにすき間なくならべたり積み上げたりして，立方体を作ろうと思います。体積がもっとも小さい立方体を作るとき，必要な積み木の個数を求めなさい。
（求め方や考え方を，図や式，言葉などでかきなさい。）

【求め方や考え方】

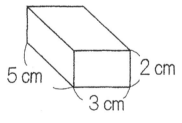

５cm
３cm
２cm
【図１】

個

＜その２＞　受検番号＿＿＿＿＿＿＿　氏名＿＿＿＿＿＿＿＿＿＿＿＿＿＿＿＿

3　庭に子ども用のプールがあります。このプールに水を入れるのに，太さのちがう２本のホースＡ，Ｂを使うことができます。【図１】のグラフは，ホースＡ，Ｂそれぞれを使って水を入れたときの，入れ始めてからの時間（分）と，入れた水の量(L)の関係を表しています。このとき，次の問題に答えなさい。

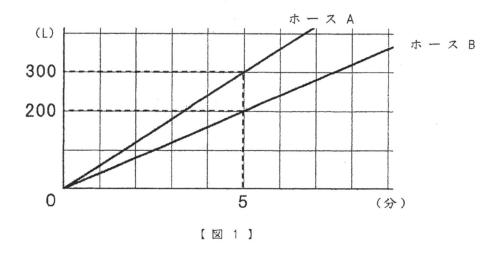

【図１】

①　【表１】は，ホースＡを使ったときの，水を入れ始めてからの時間（分）と，入れた水の量(L)の関係を表にしたものです。表のあいているところに，あてはまる数をかきなさい。

【表１】

時　間（分）	0	1	2	3	4	5	
水の量（L）							

②　プールが空の状態から，ホースＡを使って水を入れ始めました。３分後にホースＡが使えなくなったので，ホースＢに交かんして引き続き水を入れました。合計で300Lまで水を入れるためには，ホースＢを使ってあと何分入れればよいか求めなさい。（求め方や考え方を，図や式，言葉などでかきなさい。）

【求め方や考え方】

分

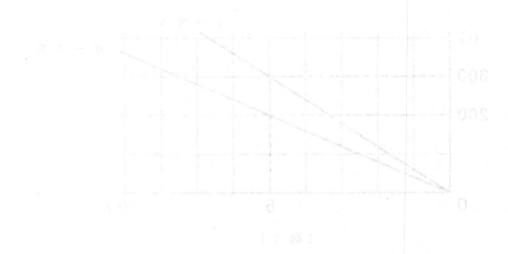

4 【図１】の帯グラフは，Ａ小学校の図書室にある本の種類と冊数（さっすう）の割合を表したものです。自然科学の本が７２０冊あるとき，次の問題に答えなさい。

Ａ小学校の図書室にある本の種類と冊数の割合

| 0 | 10 | 20 | 30 | 40 | 50 | 60 | 70 | 80 | 90 | 100 (%) |

| 文学 | 自然科学 | 社会科学 | その他 |

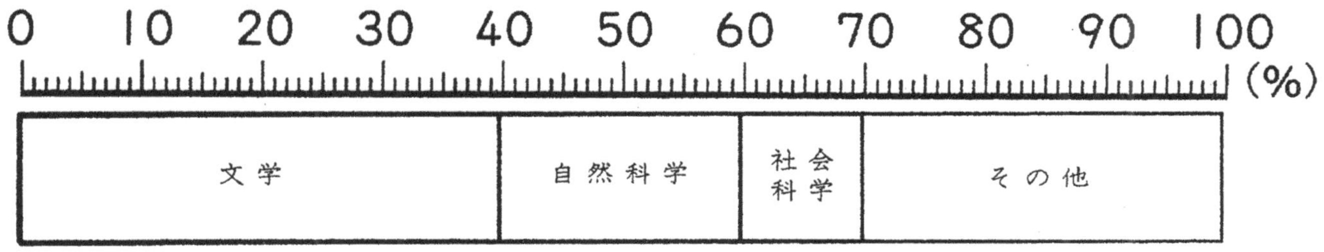

【図１】

① Ａ小学校の図書室には，全部で何冊の本がありますか。

冊

② 来年度は，文学の本だけを４００冊買う予定です。来年度のＡ小学校の図書室にある本の種類と冊数の割合を【図２】の帯グラフに表しなさい。また，求め方や考え方を，図や式，言葉などでかきなさい。

来年度のＡ小学校の図書室にある本の種類と冊数の割合

| 0 | 10 | 20 | 30 | 40 | 50 | 60 | 70 | 80 | 90 | 100 (%) |

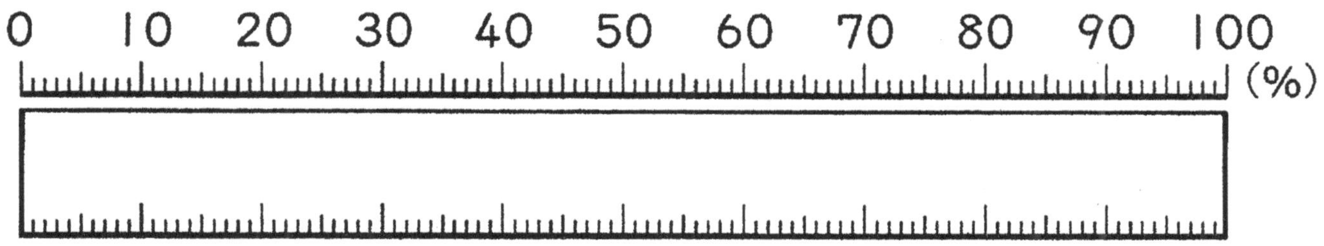

【図２】

【求め方や考え方】

5　　【図１】のような１辺６cmの正方形の紙（A）と，たて４cm．横９cmの長方形の紙（B）があります。このとき，次の問題に答えなさい。

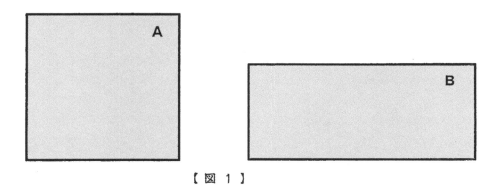

【図１】

①　　【図２】のように２枚の紙を重ねたとき，重なった部分の面積を求めなさい。

【図２】

cm²

②　　２枚の紙を適当に重ねたら【図３】のようになりました。このとき，２枚の紙それぞれの重なっていない部分の面積を比べたときにわかることをかきなさい。また，その理由を，図や式，言葉などでかきなさい。

わかること

【理由】

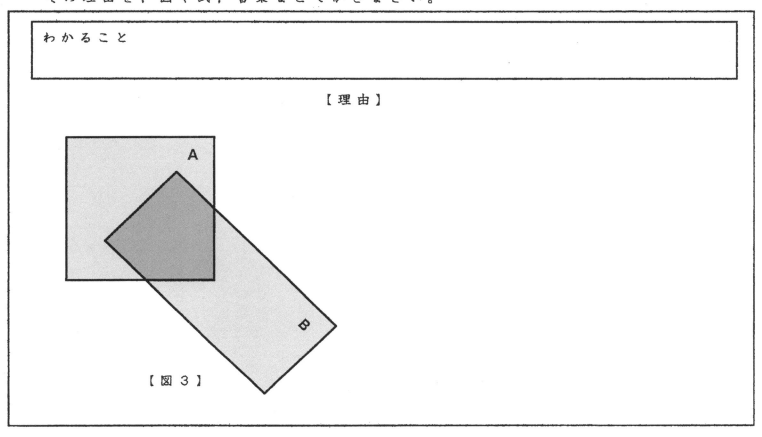

【図３】

6　ある ピザ 店 での 注文 は，【表 1】 の よう に，サ イ ズ，ソ ー ス，ベ ー ス ト ッ ピ ン グ，オ リジナルトッピング の それぞれ から 必ず 1 つずつ 選ぶ よう に なって います。このとき，次 の 問題 に 答えなさい。

【表 1】

サイズ	S（直径 20 cm），M（直径 24 cm），L（直径 30 cm）
ソース	トマトソース　，ホワイトソース
ベース トッピング	チーズトマト
オリジナル トッピング	ポテトコーン　，タマゴアスパラ，　エビカニ

ピザのイラストが
入ります

①　注文 の しかた は 全部 で 何 通り あります か。

通り

②　この 店 の ピザ は，S サイズ（直径 20 cm）が 1000 円，M サイズ（直径 24 cm）が 1200 円，L サイズ（直径 30 cm）が 2000 円 です。たけし さん は，M サイズ が 一番 得 で ある と 考え ました。たけし さん が なぜ そう 考えた の か 理由 を かきなさい。ただし，ピザ は 円形 で 厚み が 同じ もの と し，また 円周率 は 3.14 と します。

【理由】

＜その１＞　受検番号＿＿＿＿＿　氏名＿＿＿＿＿＿＿＿＿＿＿＿＿

```
《　受検上の注意点　》
○　この検査は，問題用紙が５枚あります。すべてに受検番号と氏名をかきなさい。
○　空いているところに，計算やとちゅうの考え方をかきなさい。
○　できる問題からやりましょう。
```

1　次の計算をしなさい。

①　1.24÷0.25

②　24－6×3＋7

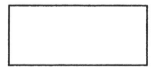

③　$\dfrac{2}{3} \div \dfrac{4}{5} \times \dfrac{6}{7}$

④　2.7×6＋9×2.7－2.7×5

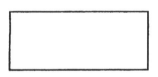

2　はるとさんの住むマンションは２５階建てで，はるとさんはその５階に住んでいます。このマンションにはエレベーターがあり，１階から５階までエレベーターを使って上がると，８秒かかります。同じマンションの２５階にはゆいさんが住んでいます。同じエレベーターを使ったとき，１階から２５階まで何秒かかるか求めなさい。ただし，エレベーターは人数にかかわらず一定の速さで動くものとし，とちゅうで止まることはないものとします。（求め方や考え方を，図や式，言葉などでかきなさい。）

【求め方や考え方】

秒

H28. 静岡大学教育学部附属中（静岡・島田・浜松）
K 教英出版

3　【図１】のような直方体の水そうが，しきり板によって二つの部分Ａ，Ｂに分けられています。ＡとＢのそれぞれの部分に，同じ割合で同時に水を入れ始め，それぞれ満水になったら水を入れるのを止めました。【図２】のグラフは，水を入れ始めてからの時間（分）と，ＡとＢのそれぞれの部分の水の深さ（cm）の関係を表しています。ただし，水そうやしきり板の厚さは考えないものとし，しきり板の高さは水そうの高さと同じとします。このとき，次の問題に答えなさい。

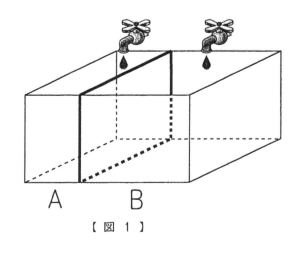

【図１】

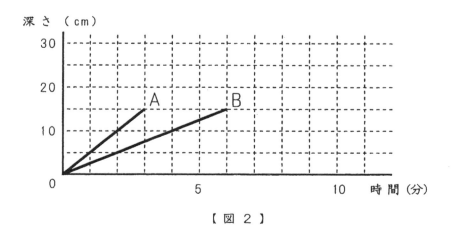

【図２】

①　Ｂの部分の体積は，Ａの部分の体積の何倍か求めなさい。

倍

②　水そうを空にして，しきり板をはずします。そして，【図３】のように，一つのじゃ口を使って水を入れる割合を変えずに水を入れ，満水になったら水を入れるのを止めます。このとき，水を入れ始めてからの時間（分）と水の深さ（cm）の関係を表すグラフを【図４】にかきなさい。

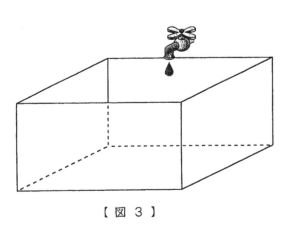

【図３】

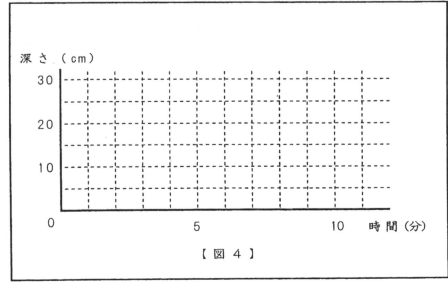

【図４】

－　その２　－

4　下の【図１】の帯グラフは，Ａ市における農産物の生産額の合計とその割合の変化を表しています。このとき，次の問題に答えなさい。

Ａ市における農産物の生産額の合計とその割合の変化

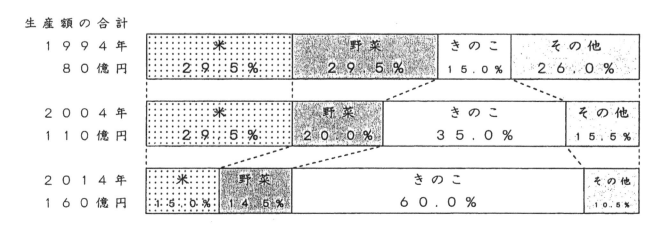

【図１】

①　２００４年の野菜の生産額は何億円か求めなさい。

億円

②　あいりさんは，【図１】を見て「２０１４年のきのこの生産額は，１９９４年のきのこの生産額の４倍になっている。」と考えました。あいりさんの考えは正しいですか。「正しい」か「正しくない」かのどちらかを○で囲みなさい。また，その理由もかきなさい。

> あいりさんの考えは（　正しい　・　正しくない　）
>
> 【理由】

5　そうたさんの自宅の庭には，下の【図１】のような畑があり，この畑はさくで囲まれています。ただし，さくの厚さは考えないものとします。このとき，次の問題に答えなさい。

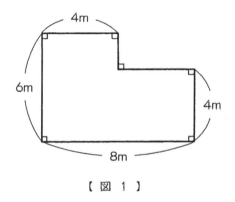

【図１】

①　そうたさんは，この畑にトマトのなえを植えようと考えました。その際，さくとなえを１ｍ以上はなし，さらに，となり合うなえとは１ｍ以上はなすことにしました。このとき，トマトのなえを最大で何本植えることができるか求めなさい。ただし，トマトのなえの太さは考えないものとします。

本

②　【図２】は，頂点Ａから犬を長さ６ｍのくさりでつないだ図です。この犬は畑の外でつながれていて，畑の中に入ることはできません。このとき，この犬が庭の中で動くことができる面積は最大で何㎡か求めなさい。ただし，犬の大きさやくさりの太さは考えないものとし，円周率は３．１４とします。
（求め方や考え方を，図や式，言葉などでかきなさい。）

【求め方や考え方】

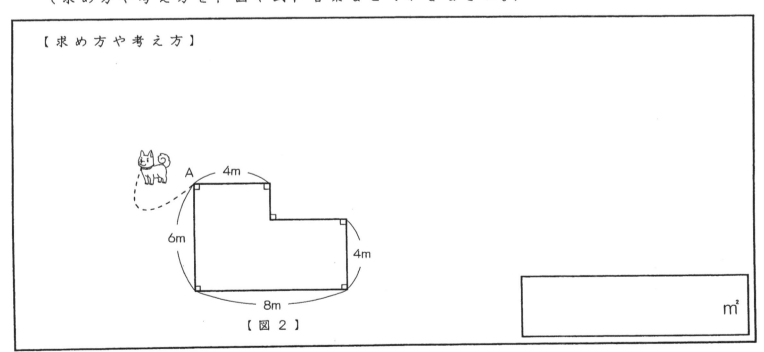

【図２】

㎡

H28. 静岡大学教育学部附属中（静岡・島田・浜松）
K 教英出版

6　ミニバスケットボールの得点は，１点の場合と２点の場合の２通りあります。

　　例えば，あるチームの１回目の得点が２点，２回目の得点が１点のとき，このチームの２回目までの合計得点は３点となります。このとき，次の問題に答えなさい。

①　合計得点が３点になるまでの得点の取り方は，全部で何通りあるか求めなさい。

通り

②　合計得点が８点になるまでの得点の取り方は，全部で何通りあるか求めなさい。
　　（求め方や考え方を，図や式，言葉などでかきなさい。）

【求め方や考え方】
通り

H28. 静岡大学教育学部附属中（静岡・島田・浜松）
K 教英出版

＜その１＞　　受検番号＿＿＿＿＿　　氏名＿＿＿＿＿＿＿＿＿＿＿＿＿＿＿

《　受検上の注意点　》
○　この検査は，問題用紙が５枚あります。すべてに受検番号と氏名をかきなさい。
○　空いているところに，計算やとちゅうの考え方をかきなさい。
○　できる問題からやりましょう。

1　次の計算をしなさい。

①　（３２－９×３）×８

②　１÷０.２５×４

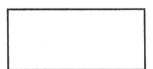

③　$1.68 \div \dfrac{7}{10}$

④　（６９×５４－５４×４７）÷２２

2　長方形を，１辺の長さが整数である合同な正方形に分けます。例えば，縦２cm，横６cmの長方形では，「１辺が１cmの正方形１２個」【図１】と「１辺が２cmの正方形３個」【図２】の２通りの分け方があります。
　　このとき，縦２４cm，横３６cmの長方形では，全部で何通りの分け方があるか求めなさい。
（求め方や考え方を，図や式，言葉などでかきなさい。）

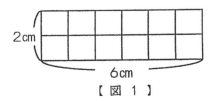

2cm　6cm　【図１】

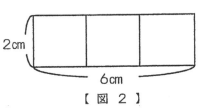

2cm　6cm　【図２】

【求め方や考え方】

通り

<その２>　受検番号＿＿＿＿＿＿＿　氏名＿＿＿＿＿＿＿＿＿＿＿＿＿＿＿＿＿＿

③　○，△，□がかかれたカードがそれぞれたくさんあって，左から順に１列に並べていきます。ただし，○の次に並べることができるのは△，△の次に並べることができるのは□とします。このとき，次の問題に答えなさい。

①　カードを３枚並べるとき，並べ方は全部で何通りあるか求めなさい。

通り

②　カードを７枚並べるとき，左はしが○，右はしが□になる並べ方は全部で何通りあるか求めなさい。（求め方や考え方を，図や式，言葉などでかきなさい。）

【求め方や考え方】

通り

K 教英出版

<＜その３＞ 受検番号＿＿＿＿＿ 氏名＿＿＿＿＿＿＿＿＿＿＿＿＿＿＿＿

4 下の【図１】のように，縦４cm，横８cmの，高さ７cmの直方体の容器いっぱいに水を入れました。このとき，次の問題に答えなさい。ただし，容器の厚さは考えないことにします。

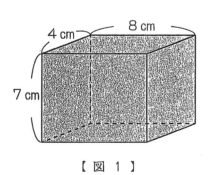 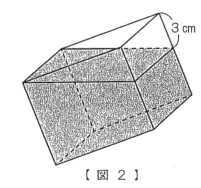 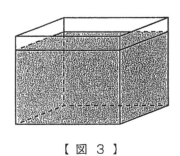

【図１】　　　　　【図２】　　　　　【図３】

① この容器を【図２】のようにかたむけたとき，こぼれた水の体積を求めなさい。

| cm³ |

② 【図２】の容器を【図３】のように元にもどしたとき，水の深さを求めなさい。（求め方や考え方を，図や式，言葉などでかきなさい。）

【求め方や考え方】

| cm |

5　６つの面のうち，３つの面に４，５，６の数字がそれぞれかかれている立方体があります。このとき，次の問題に答えなさい。

①　下のアは【図１】の立方体の展開図です。【図１】の展開図となるように，下のアに数字の４をかき入れなさい。数字の向きにも注意すること。

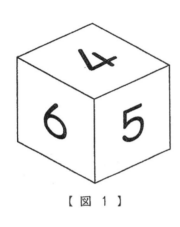

【図１】

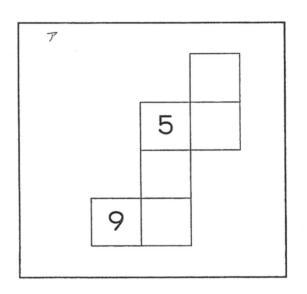

②　【図２】の立方体の展開図の１つは（例）のようになります。この（例）以外に，【図２】の展開図を考えます。下の展開図に数字の４，５，６をそれぞれかき入れて，４通りつくりなさい。数字の向きにも注意すること。

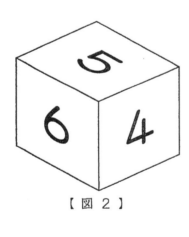

【図２】

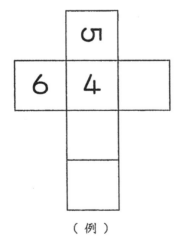

（例）

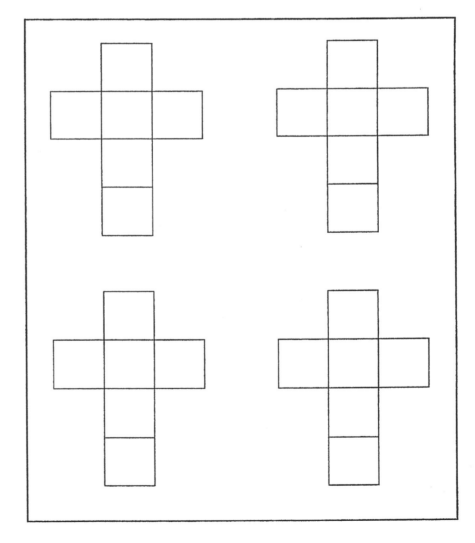

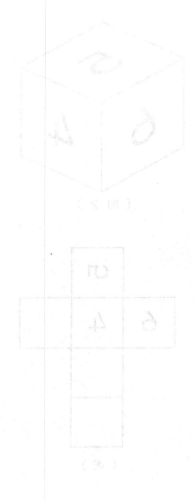

6　　【図１】のように，１８cmのばねＡと２４cmのばねＢがあります。これらのばねの
　のびる長さは，つるしたおもりの重さに比例します。【図２】は，この２つのばねに
　それぞれおもりをつるしたときの，おもりの重さとばねののびる長さの関係を表した
　グラフです。このとき，次の問題に答えなさい。

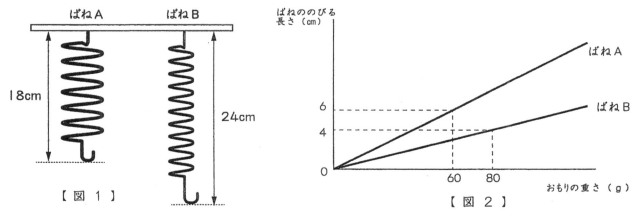

① 　ばねＡにおもりをつるしたとき，６cmのびました。つるしたおもりの重さを求め
　なさい。

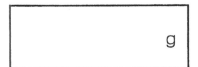

g

② 　ばねＢに９０gのおもりをつるしたとき，ばねののびる長さを求めなさい。

cm

③ 　ばねＢにつるしたおもりの２倍の重さのおもりをばねＡにつるします。ばねＡと
　ばねＢの全体の長さが等しくなるとき，ばねＢにつるしたおもりの重さを求めなさ
　い。また，そのときのばね全体の長さも求めなさい。
　（求め方や考え方を，図や式，言葉などでかきなさい。）

【求め方や考え方】

ばねＢにつるしたおもりの重さ　　　ばねＢ全体の長さ

g

cm

＜その１＞　　受検番号＿＿＿＿＿＿　氏名＿＿＿＿＿＿＿＿＿＿＿＿＿＿＿＿＿

《　受検上の注意点　》
○　この検査は，問題用紙が５枚あります。すべてに受検番号と氏名をかきなさい。
○　空いているところに，計算やとちゅうの考え方をかきなさい。
○　できる問題からやりましょう。

1　次の計算をしなさい。
　　①　４＋（５１－９×３）÷６　　　　　　②　３５÷６３×１８

　　③　１.１４÷０.６　　　　　　　　　　　④　$0.75 \times \left(0.8 - \dfrac{2}{3}\right)$

2　ア，イ，ウの３種類のおもりがあり，アのおもりの重さは１６０ｇです。これらの
　おもりをてんびんにのせると，【図１】と【図２】のようにつり合いました。このと
　き，イ，ウのおもりの重さをそれぞれ求めなさい。
　　（求め方や考え方を，図や式，言葉でかきなさい。）
　　　【図１】　　　　　　　　　　　　　　　【図２】

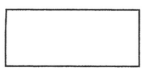 

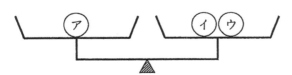 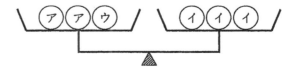

【求め方や考え方】

　　　　　　　　　　　　　　　　　　　イのおもりの重さ　　　　ウのおもりの重さ

　　　　　　　　　　　　　　　　　　　　　　　　　ｇ　　　　　　　　　　ｇ

3　立体 あ は，たて５cm，横９cm，高さ６cmの直方体です。立体 い は，立体 あ の１つの面からその面と平行な面まで，直方体をくりぬいたものです。このとき，次の問題に答えなさい。

立体 あ　　　　　　　　　　　　　　　　立体 い

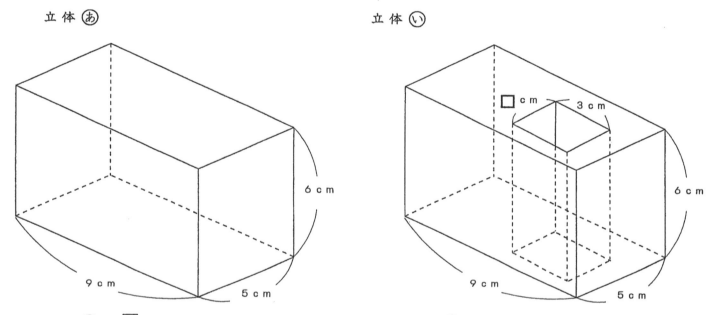

①　立体 い の □ にあてはまる数が４.５のとき，立体 い の体積を求めなさい。

	cm³

②　立体 い の体積が，立体 あ の体積の８０％になるとき，□ にあてはまる数を求めなさい。（求め方や考え方を，図や式，言葉でかきなさい。）

【求め方や考え方】

	cm

④　たて３cm，横４cmの長方形があります。この長方形の辺上にアからセまで１cmおきに１４個の点をとります。この１４個の点のうち，いくつかの点をえらび，それらを頂点として順に直線で結んで囲み，図形をつくります。例えば，ア，ウ，オをえらんだときは，アからウ，ウからオ，オからアの順に直線で結んで囲むと三角形アウオができ，その面積は１cm²となります。このとき，次の問題に答えなさい。

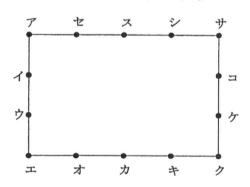 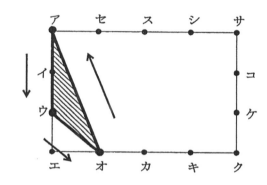

①　面積が６cm²となる三角形ができる３個の点のえらび方は何通りあるのかを求めなさい。（求め方や考え方を，図や式，言葉でかきなさい。）

【求め方や考え方】

　　　　　　　　　　　　　　　　　　　　　　　　　　　　通り

②　いくつかの点をえらび，順に直線で結んで囲むと，例のように面積が９cm²の図形をつくることができます。この例以外に面積が９cm²となるような図形を４種類つくり，できた図形にしゃ線を引きなさい。
　　ただし，合同な図形については１種類と考えることとします。

例）４点ア，エ，キ，シの場合
アからエ，エからキ，キからシ，シからアの順に直線で結んで囲みます。

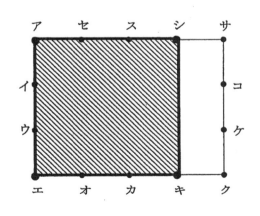 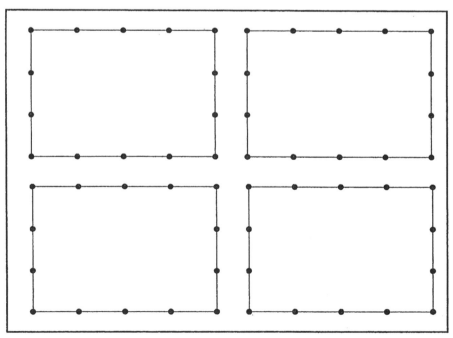

〈その４〉　受検番号＿＿＿＿＿＿　氏名＿＿＿＿＿＿＿＿＿＿＿＿＿＿＿

⑤　１以上の整数を規則的に並べると，下のように等号（＝）で結ぶことができます。いちばん上の段を１段目，その下を２段目，３段目・・・とします。また，等号の左側を《ア》，右側を《イ》とします。このとき，次の問題に答えなさい。

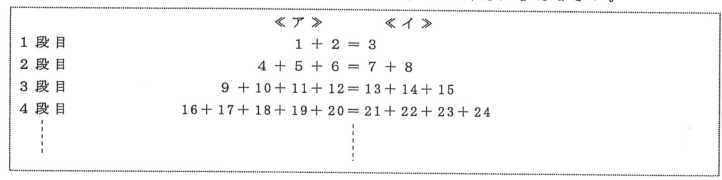

```
                        《ア》          《イ》
1 段目                  1 ＋ 2 ＝ 3
2 段目                4 ＋ 5 ＋ 6 ＝ 7 ＋ 8
3 段目            9 ＋ 10＋ 11＋ 12 ＝ 13＋ 14＋ 15
4 段目        16＋ 17＋ 18＋ 19＋ 20 ＝ 21＋ 22＋ 23＋ 24
```

①　６段目の《ア》をかきなさい。

②　３段目では，《ア》のいちばん右の数は１２で，《イ》のいちばん右の数は１５です。１９段目の《ア》，《イ》のいちばん右の数をそれぞれ求めなさい。
　　（求め方や考え方を，図や式，言葉でかきなさい。）

【求め方や考え方】

《ア》	《イ》

6　下の図のように，同じ大きさの水そう⑦，④があり，どちらも最大で２５０Ｌの水が入ります。これらの水そうに水がいっぱいになるまで，同じ量の水を入れていきます。ただし，水そう④の底には穴があいていて，１分間あたり同じ量の水がぬけていきます。【図１】のグラフは，２つの水そうについて，同時に水を入れ始めてから８分後までの時間と，たまっている水の量との関係を表したものです。このとき，次の問題に答えなさい。

水そう⑦　　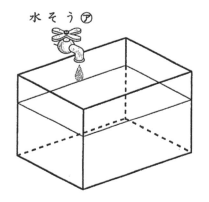　　水そう④　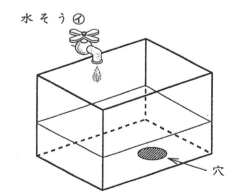　←穴　　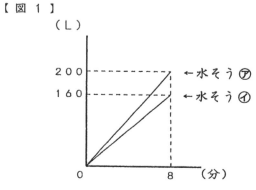

①　水そう⑦の水がいっぱいになるのは，水を入れ始めてから何分後であるのかを求めなさい。

　分後

②　水そう④は，１分間あたり何Ｌの水がぬけているのかを求めなさい。

　Ｌ

③　水を入れ始めてから８分後に，水そう④の水がぬけないように穴をふさぎ，水を入れ続けました。このとき，水そう④の水がいっぱいになるのは，穴をふさいでから何分何秒後であるのかを求めなさい。
　　（求め方や考え方を，図や式，言葉でかきなさい。）

【求め方や考え方】

分　　秒後

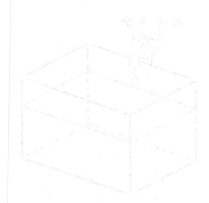

＜その１＞　　受検番号＿＿＿＿＿　　　氏名＿＿＿＿＿＿＿＿＿＿＿＿＿＿＿＿＿

※100点満点
（配点非公表）

《　受検上の注意点　》
○　この検査は，問題用紙が５枚あります。すべてに受検番号と氏名を書きなさい。
○　空いているところに，計算やとちゅうの考え方を書きなさい。
○　できる問題からやりましょう。

1　次の計算をしなさい。

①　3.6×1.8

②　$\dfrac{11}{6} - \dfrac{7}{8}$

③　$(9-3) \times 12 - 2$

④　$0.125 \div 0.75 \times 9 \times \dfrac{2}{3}$

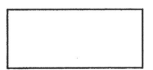

2　下の図形の中から他の図形と異なる特ちょうをもつ図形を一つ選び，その特ちょうをかきなさい。

正方形　　　　　　正五角形　　　　　平行四辺形　　　　　　円

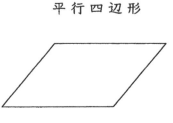
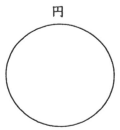

【選んだ図形】　　【異なる特ちょう】

H25. 静岡大学教育学部附属中（静岡・島田・浜松）
K 教英出版

＜その２＞　受検番号＿＿＿＿＿　　氏名＿＿＿＿＿＿＿＿＿＿＿＿＿＿＿＿

3　　赤と緑の二つの電球があります。この二つの電球は，コンピュータのプログラムを変えることで，明かりがついたり，消えたりする時間を変えることができます。
　　このとき，次の問題に答えなさい。

①　　スイッチを入れると赤と緑の電球の明かりが同時につき，赤の電球の明かりは１秒間つくと１秒間消えるということをくり返し，緑の電球の明かりは１秒間つくと３秒間消えるということをくり返すようにプログラムをしました。
　　このとき，スイッチを入れてから６０秒間で，赤と緑の電球の明かりが両方ともついている時間の合計を求めなさい。

秒

②　　スイッチを入れると赤と緑の電球の明かりが同時につき，赤の電球の明かりは２秒間つくと２秒間消えるということをくり返し，緑の電球の明かりは３秒間つくと２秒間消えるということをくり返すようにプログラムをしました。
　　このとき，スイッチを入れてから９０秒間で，赤と緑の電球の明かりが両方ともついている時間の合計を求め，その求め方や考え方を，図や式，言葉でかきなさい。

【求め方や考え方】

秒

－ その ２ －

＜その３＞　受検番号＿＿＿＿＿　氏名＿＿＿＿＿＿＿＿＿＿＿＿＿＿＿＿＿＿

4　立方体の頂点のまわりを黒と白にぬり分けました。このとき，次の問題に答えなさい。

① 　図１のように，立方体の頂点のまわりを黒と白にぬり分けました。次の（ア）～（オ）の中から，
図１と同じぬり方の立方体をすべて選び，記号でかきなさい。
　　ただし，見えない頂点のまわりはすべての図において黒でぬられています。

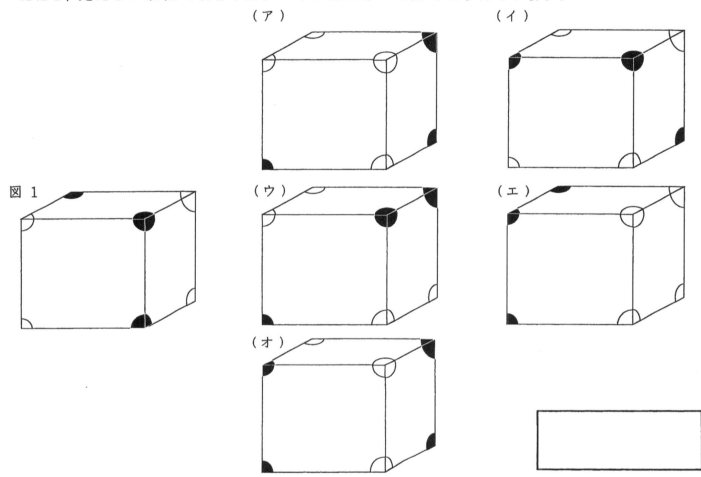

② 　図２と同じぬり方の立方体となる，図２以外の見え方を三つかきなさい。
　　ただし，見えない頂点のまわりはすべての図において黒でぬられています。

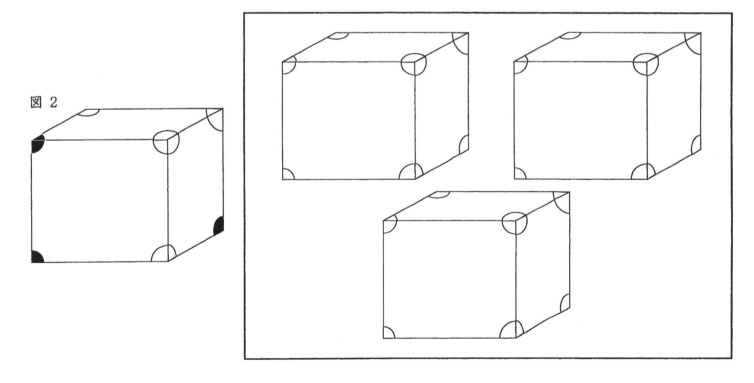

－ その３ －

＜その４＞　受検番号＿＿＿＿＿　氏名＿＿＿＿＿＿＿＿＿＿＿＿＿＿＿＿＿＿＿

5　下の図のように，円の形をしたケーキの中心に星形の砂糖菓子がのっています。その砂糖菓子を中心としてケーキを６等分するように，ケーキのまわりにイチゴをのせてあります。それぞれのイチゴには，（ア）～（カ）の札をつけました。また，（ア）～（カ）の文字がかかれたカードを，それぞれ１枚ずつ用意しました。用意したカードの中から３枚をひき，ひいたカードの文字と同じ札のついたイチゴを直線でつないで三角形をつくります。

このとき，（ア），（イ），（エ）のカードをひいた場合には，カードの組み合わせは（ア，イ，エ）と表すこととし，次の問題に答えなさい。

図

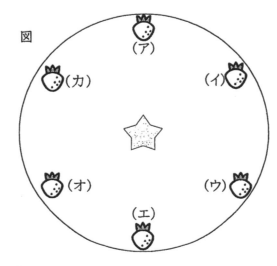

①　ケーキの中心にある砂糖菓子が，つくられた三角形の中に全部入るカードの組み合わせを，すべてかきなさい。

②　ケーキの中心にある砂糖菓子が，つくられた三角形の中に入らないカードの組み合わせを，すべてかきなさい。

③　ケーキの中心にある砂糖菓子が，つくられた三角形の辺で切れてしまうカードの組み合わせは，全部で何通りあるのかを求めなさい。

通り

H25. 静岡大学教育学部附属中（静岡・島田・浜松）
K教英出版

6　次の問題に答えなさい。

①　下の図は，辺アイと辺アエの長さが等しく，角アと角ウの大きさが９０°の四角形です。対角線アウの長さが８cmのとき，この四角形の面積を求め，その求め方や考え方を，図や式，言葉でかきなさい。

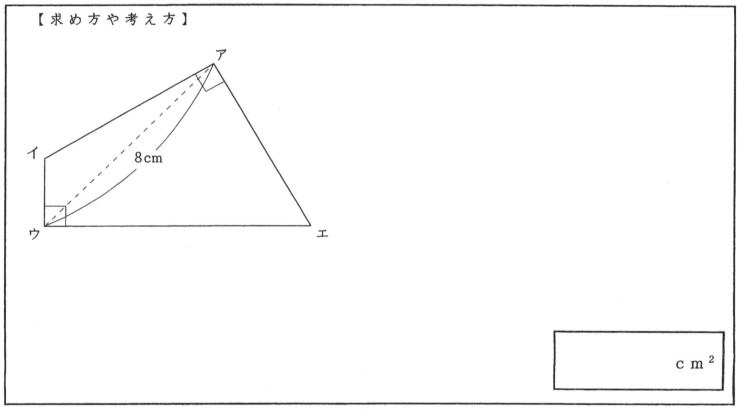

【求め方や考え方】

8cm

cm²

②　下の図で，正方形アイウエの１辺の長さは１０cmです。この正方形の対角線アウと対角線イエが交わる点に，合同な正方形オカキクの頂点オを重ねます。
　　このとき，二つの正方形が重なってできる四角形オケウコの面積を求め，その求め方や考え方を，図や式，言葉でかきなさい。

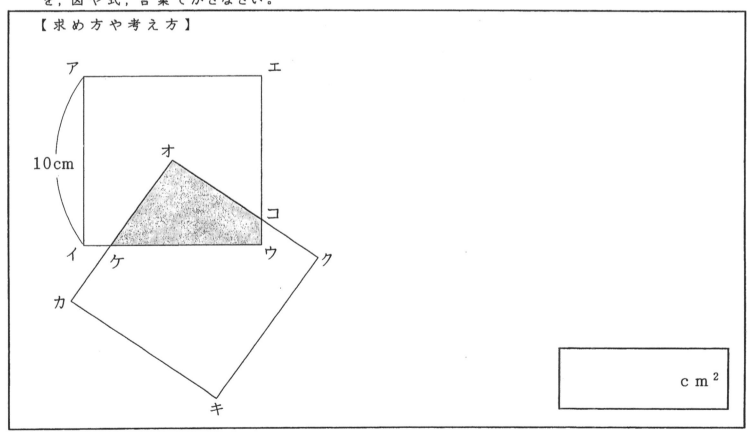

【求め方や考え方】

10cm

cm²

＜その１＞　受検番号＿＿＿＿＿　氏名＿＿＿＿＿＿＿＿＿＿＿＿＿＿＿

※100点満点
（配点非公表）

《　受検上の注意点　》
○　この検査は，問題用紙が５枚あります。すべてに受検番号と氏名を書きなさい。
○　空いているところに，計算やとちゅうの考え方を書きなさい。
○　できる問題からやりましょう。

１　次の計算をしなさい。

①　7.2×3.5

②　$\dfrac{5}{6} - \dfrac{2}{9}$

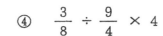

③　6−4÷(5−3)

④　$\dfrac{3}{8} \div \dfrac{9}{4} \times 4$

２　よしおさんのお父さんが，４８ｍ先にいるよしおさんの後を追いかけます。お父さんが３歩あるく間に，よしおさんは４歩あるきます。１歩の歩はばは，お父さんが７２ｃｍ，よしおさんが４６ｃｍです。お父さんがよしおさんに追いつくまでに，お父さんは何歩あるきますか。

歩

＜その２＞　　受検番号＿＿＿＿＿　　　氏名＿＿＿＿＿＿＿＿＿＿＿＿＿＿＿＿

3　図のように，１辺２ｃｍの正方形アイウエが
あります。ア，エ，オが，一直線上に並び，
直線エオの長さは８ｃｍです。今，長さ８ｃｍ
の糸があり，一方のはしが頂点エにつながり，
もう一方のはしがオにあります。この状態
から糸がたるまないようにして，オにある糸のはしを時計回りに回転させて，糸を
最後までこの正方形の辺にそって巻きつけていきます。このとき，次の問題に答え
なさい。

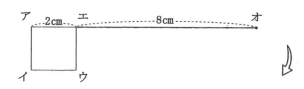

①　オにある糸のはしがえがく線をかきなさい。ただし，かくときに使ったコンパス
や定規の線は消さないこと。

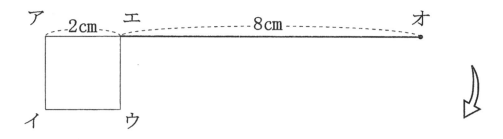

②　①でえがいた線と，直線エオで囲まれた部分の面積を求めなさい。ただし，
円周率は３．１４とすること。

【求め方や考え方】

ｃｍ²

4　下のグラフ あ は，ある漁港で水あげされた魚の金額の合計をあらわしています。また，グラフ い は，同じ漁港における水あげ金額の種類別の割合をあらわしています。このとき，次の問題に答えなさい。

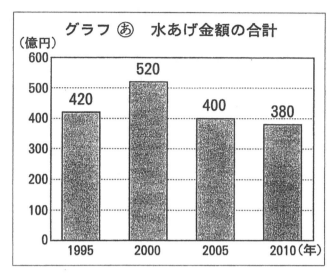

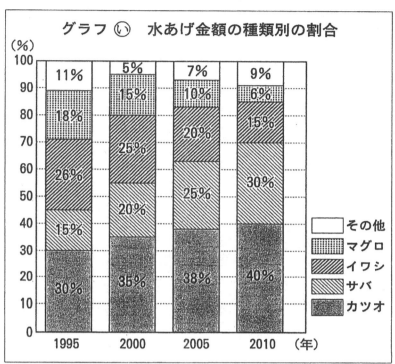

① 　２０００年のカツオの水あげ金額を求めなさい。

億　円

② 　花子さんは，グラフ い を見て「２０１０年のサバの水あげの割合は，１９９５年のサバの水あげの割合の２倍になっているので，サバの水あげ金額も２倍になるはず。」と考えました。花子さんの考えは，正しいですか。「正しい」か「正しくない」かのどちらかを○で囲みなさい。また，その理由もかきなさい。

花子さんの考えは　（　　正しい　・　　正しくない　　）

【理由】

5　まさおさんの家には，右の図のように横向きのたたみ２枚と
縦向きのたたみ６枚をしきつめた和室があります。たたみの
長い方の辺の長さは，短い方の辺の長さのちょうど２倍にな
ります。このとき，次の問題に答えなさい。

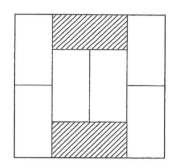

①　この和室のたたみをしきつめ直して，横向き，縦向きそ
　れぞれ４枚のたたみをしきつめるには，どのような方法が
　考えられますか。下のア，イ，ウ，エに，それぞれかきな
　さい。

　　ただし，うらがえしたり回したりすると，別のものと重なるしきつめ方は同じと
　して，ア，イ，ウ，エには，ことなるものをかくこと。なお，横向きのたたみには，
　▨　のようにしゃ線をひくこと。

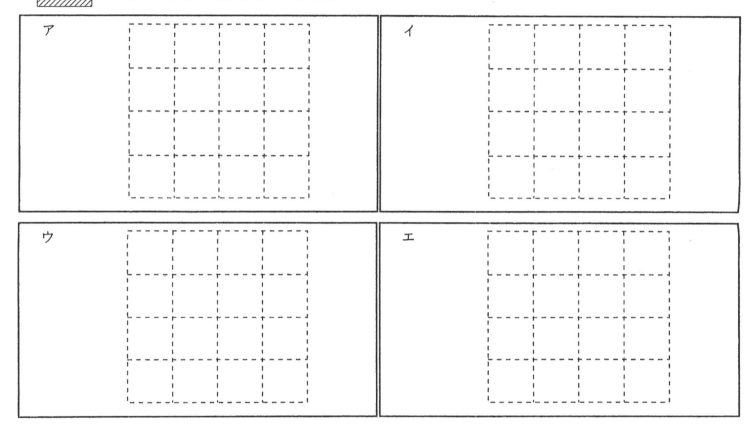

②　この和室に，横向き１枚，縦向き７枚のたたみをしきつめることはできません。
　その理由を，図や言葉を使って説明しなさい。

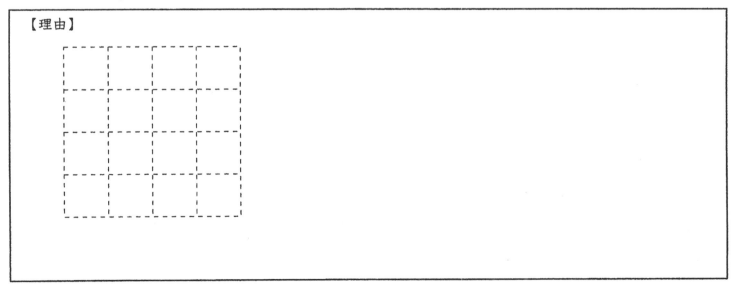

＜その５＞　受検番号＿＿＿＿＿＿　氏名＿＿＿＿＿＿＿＿＿＿＿＿＿＿＿＿

6　下の〈表１〉，〈表２〉のように，整数を並べて，一番上に並んでいる数について考えます。このとき，次の問題に答えなさい。

① 　〈表１〉では，６番目の数は１６です。
　　このとき，１０番目の数を求めなさい。

〈表１〉

1番目　2番目　　　　　　　6番目

①	②	4	7	11	⑯		
3	5	8	12	17			
6	9	13	18				
10	14	19					
15	20						
21							

② 　〈表２〉では，１番目と２番目の数の差は２です。このとき，２９番目と３０番目の数の差を求めなさい。

〈表２〉

1番目　2番目

①	③	4	10	11	21		
2	5	9	12	20			
6	8	13	19				
7	14	18					
15	17						
16							

【求め方や考え方】

＜その1＞　受検番号＿＿＿＿＿＿　氏名＿＿＿＿＿＿＿＿＿＿＿＿＿＿＿＿＿＿

《　受検上の注意点　》
- ○　この検査は，問題用紙が5枚あります。すべてに受検番号と氏名を書きなさい。
- ○　空いているところに，計算やとちゅうの考え方を書きなさい。
- ○　できる問題からやりましょう。

1　次の計算をしなさい。　　　　　　　　　　　　　　　　　　　※100点満点
　　　　　　　　　　　　　　　　　　　　　　　　　　　　　　（配点非公表）

①　$6 \div \dfrac{2}{3}$

②　$\dfrac{7}{8} - \dfrac{5}{6}$

③　$3 + 7 \times (15 - 9)$

④　$9.4 \times 8 + 2 \times 9.4$

2　下の〈11月のカレンダー〉に○のついている日は，図書室を利用できた日です。また，〈表〉は，図書室を利用できた日について，週ごとの1日の平均利用者数を求めたものです。この〈11月のカレンダー〉と〈表〉をもとに，11月の図書室を利用できた日の1日の平均利用者数を求めなさい。

〈11月のカレンダー〉

日	月	火	水	木	金	土
	①	②	3	④	⑤	6
7	⑧	⑨	⑩	⑪	⑫	13
14	⑮	⑯	⑰	⑱	⑲	20
21	㉒	23	㉔	㉕	㉖	27
28	㉙	㉚				

〈表〉

週ごとの1日の平均利用者数	
1～ 6日	12人
7～13日	13人
14～20日	11人
21～27日	14人
28～30日	8人

＿＿＿＿＿＿＿＿人

＜その２＞　受検番号_____　　氏名_____

3　直径10cmの半円があります。この半円の直径の長さを横の長さとし，たての長さを6cmとした長方形をかくと，下の〈図ア〉のようになりました。このとき，次の問題に答えなさい。（円周率は3とします。）

〈図ア〉

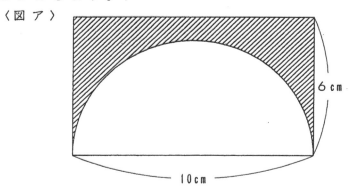

①　しゃ線であらわされた，半円と長方形が重ならない部分の面積を求めなさい。

cm²

②　長方形のたての長さを短くすると，下の〈図イ〉のように，しゃ線であらわされた，半円と長方形が重ならない部分あ，⸺，⑦ができます。あの面積と⸺の面積を合わせると⑦の面積に等しくなるとき，この長方形のたての長さを求めなさい。
　　（求め方や考え方を，図や式，言葉などでかきなさい。）

〈図イ〉

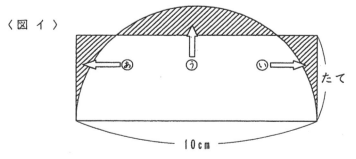

【求め方や考え方】

cm

- その 2 -

H23.静岡大学教育学部附属中（静岡・島田・浜松）
教英出版

<その３＞　受検番号＿＿＿＿＿　氏名＿＿＿＿＿＿＿＿＿＿＿＿＿＿＿＿

4　空港と空港をつなぐ線のことを路線といいます。例えば，空港の数が３の場合は，〈図〉のように路線の数が３になります。空港の数と，そのときの全部の空港どうしをつなぐ路線の数を調べたら，〈表〉のようになりました。このとき，次の問題に答えなさい。

〈図〉

空港の数が３の場合

〈表〉

空港の数	1	2	3	4	5	6	…
路線の数	0	1	3	6	10	15	…

① 空港の数が10のときの路線の数を，２通りの方法で求めなさい。
　（求める方法を，図や表，式，言葉などでかきなさい。）

【方法１】

【方法２】

② 空港の数を１増やすと，路線の数が20増えるときがあります。路線の数が20増えたとき，全部の空港どうしをつなぐ路線の数を求めなさい。
　（求め方や考え方を，図や表，式，言葉などでかきなさい。）

【求め方や考え方】

H23. 静岡大学教育学部附属中（静岡・島田・浜松）
K 教英出版

5　ひし形は，対角線が垂直に交わり，面積は『対角線×対角線÷２』で求めることができます。このとき，次の問題に答えなさい。

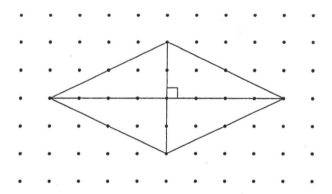

①　ひし形の面積がいつでも『対角線×対角線÷２』で求めることができる理由を，図や式，言葉などで説明しなさい。

【説明】

②　ひし形以外でも『対角線×対角線÷２』で面積を求めることができる四角形があります。これらの四角形のうち，次の**ア**，**イ**にあてはまる四角形をそれぞれ１つずつかきなさい。ただし，四角形は下のわくの中に点（・）を頂点としてかき，対角線もかきなさい。

> **ア**　４つの辺の中で，長さの等しい辺が２つずつある。
> **イ**　４つの辺の長さがすべてちがう。

ア

イ

H23. 静岡大学教育学部附属中（静岡・島田・浜松）
K 教英出版

6　あるお店で，それぞれねだんのちがう５種類のノート（あ，い，う，え，お）が売られています。その中から異なる種類の２冊を選んで買うとすると，〈表１〉のように10通りの組み合わせが考えられます。また，10通りのねだんは〈表２〉のようになります。このとき，次の問題に答えなさい。

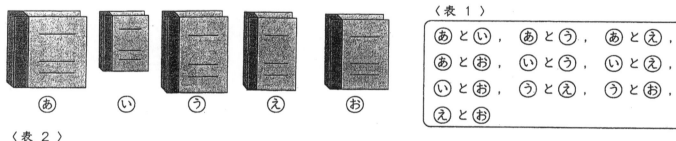

あ　　い　　う　　え　　お

〈表１〉

あ と い，	あ と う，	あ と え，
あ と お，	い と う，	い と え，
い と お，	う と え，	う と お，
え と お		

〈表２〉

105円，110円，115円，120円，125円，130円，150円，155円，160円，170円

①　この５種類のノートを１冊ずつ買います。５冊分の代金を求めなさい。
　　（求め方や考え方を，図や表，式，言葉などでかきなさい。）

【求め方や考え方】

　　　　　　　　　　　　　　　　　　　　　　　　　　　　　　円

②　この５種類のノートのねだんをそれぞれ求めなさい。
　　（求め方や考え方を，図や表，式，言葉などでかきなさい。）

【求め方や考え方】

　　　円，　　　円，　　　円，　　　円，　　　円

H23.静岡大学教育学部附属中（静岡・島田・浜松）

K 教英出版

（45分）　　　平成２２年度　算 数 問 題　　　2010・1・9

<＜その１＞　受検番号＿＿＿＿＿　氏名＿＿＿＿＿＿＿＿＿＿＿＿＿＿＿＿＿

《　受検上の注意点　》
○　この検査は，問題用紙が５枚あります。すべてに受検番号と氏名を書きなさい。
○　空いているところに，計算やとちゅうの考え方を書きなさい。
○　できる問題からやりましょう。

1　次の計算をしなさい。　　　　　　　　　　　　　　　　　　　※100点満点
　　　　　　　　　　　　　　　　　　　　　　　　　　　　　　　（配点非公表）
　①　　４.９÷０.７　　　　　　　　②　　２１÷３－３×２

　③　　２６×２８＋２４×２８－５０×２７　　④　　$\dfrac{5}{12} \times \dfrac{6}{5} \times \dfrac{3}{4}$

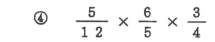

2　ねん土を容器に入れて重さをはかったら，８７０ｇでした。このねん土を３つに分けて，それぞれ同じ容器に入れて重さをはかったら，２９０ｇ，３１０ｇ，３５０ｇでした。この容器の重さを求めなさい。

　　　　　　　　　　　　　　　　　　　　　　　　　　　　　　ｇ

＜その２＞　　受検番号＿＿＿＿＿　　　氏名＿＿＿＿＿＿＿＿＿＿＿＿＿＿＿＿

③　下の図のように，２つの面の面積が，２４cm²，３６cm²である直方体があります。このとき，次の問題に答えなさい。

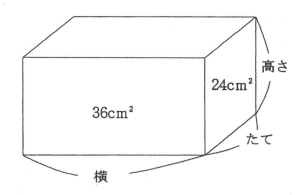

①　この直方体のたてと横の長さの割合を比で表しなさい。

たて　：　横　＝　　　　　　：

②　この直方体のたてと横の長さの和が１５cmであるとき，直方体の体積を求めなさい。
　　（求め方や考え方を，図や式，言葉でかきなさい。）

【求め方や考え方】

　　　　　　　　　　　　　　　　　　　　　　　　　　　　　　c m³

＜その３＞　受検番号＿＿＿＿＿　氏名＿＿＿＿＿＿＿＿＿＿＿＿＿＿＿

4　下の絵のように，木にぶら下がっているいも虫がいます。このいも虫は，1分間に10cm上がり，次の1分間で9cm下がります。さらに，次の1分間に10cm上がり，次の1分間で9cm下がります。このように，いも虫は，上がったり下がったりする動きを，木にたどりつくまでくり返すものとします。このとき，次の問題に答えなさい。

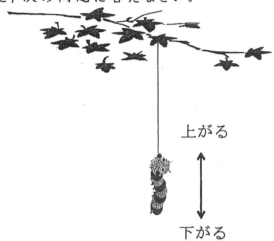

上がる

下がる

①　はじめにぶら下がっている糸の長さが20cmであるとき，いも虫が木にたどりつくまでの時間を求めなさい。

分

②　いも虫は，木にぶら下がっている状態から181分かかって木にたどりつきました。いも虫がはじめにぶら下がっていた糸の長さを求めなさい。
（求め方や考え方を，図や表，式，言葉でかきなさい。）

【求め方や考え方】

cm

<その４＞　受検番号_____　氏名_____

5　たくさんの立方体の積み木があります。この積み木を，下の図のように積み重ねていきます。積み重ねてできた立体の各面に色をぬると，色がぬられている積み木と，ぬられていない積み木があります。このとき，次の問題に答えなさい。

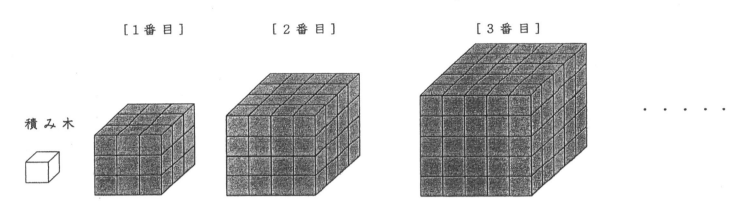

［１番目］　　　　　［２番目］　　　　　　［３番目］

積み木

・・・・・

①　１番目，２番目，３番目のそれぞれの場合について，１面だけに色がぬられている積み木と，２面だけに色がぬられている積み木の個数の和を求めなさい。
　　（求め方や考え方を，図や表，式，言葉でかきなさい。）

【求め方や考え方】
［１番目］

個

［２番目］

個

［３番目］

個

②　５番目の場合について，色がぬられているすべての積み木の個数を求めなさい。

個

<その５＞　受検番号＿＿＿＿　　氏名＿＿＿＿＿＿＿＿＿＿＿＿＿＿＿

6　下の①，②の図のように，円の形をした土地の 🏠 の場所にそれぞれ家があります。それぞれの図の中で，３本の半径は円の面積を３つに等しく分けています。また，３つの点線の円は，中心がいずれももとの円と同じで，半径がもとの円の半径のそれぞれ $\frac{3}{4}$，$\frac{1}{2}$，$\frac{1}{4}$ です。このとき，次のきまりにしたがって円の土地全体を３つに分けます。

きまり

・３つの土地は，形も面積も同じになるようにする。
・３つの土地に，家が１けんずつあるようにする。
・土地のさかい目には，家がないようにする。

①，②の場合に，土地のさかい目を三角定規やコンパス，分度器を使ってかきなさい。

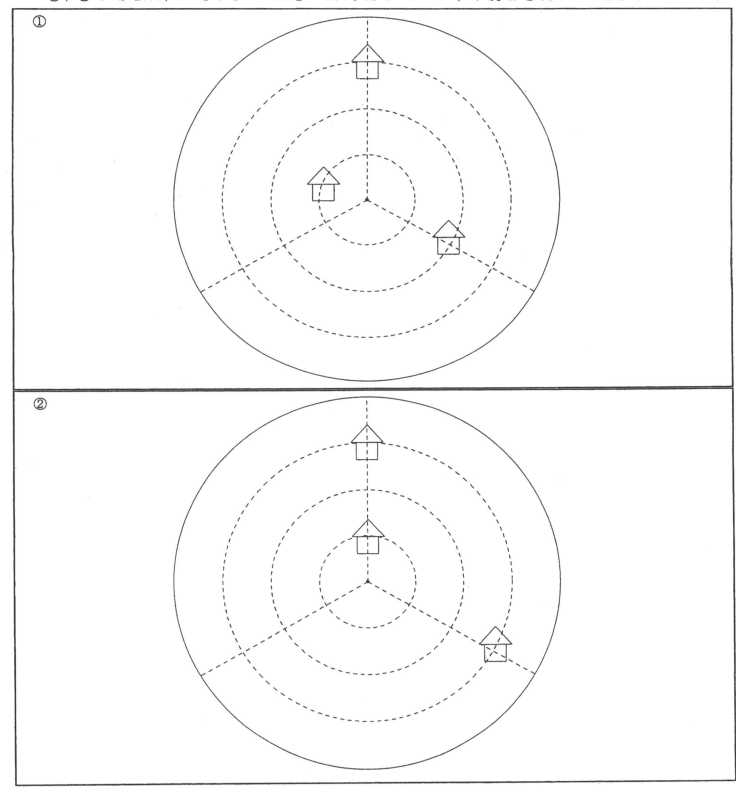